Joachim Schroetter

Kindle direct

ISBN: 9781983345487

Joachim Schroetter

Wir müssen unsere Erde retten!

Es geht um unseren „Blauen" Planeten.

Mit aktuellen Energieeinspartipps.

Basiswissen Umwelt.

Aktualisierte Neufassung.

Einleitung.

Dieses Buch wendet sich an die Erwachsenen, aber auch an die Heranwachsenden und ist des halb in verständlicher Sprache geschrieben und soll eine Grundbasis vermitteln.

Eigentlich müsste man über Umweltaspekte also der Umweltauswirkungen im Allgemeinen und im Speziellen kein Wort mehr verlieren, denn seit mehr als 40 Jahren warnen namhafte Wissenschaftler nicht leichtfertig mit den Lebensgrundlagen des Menschen, um zu gehen und dauerhaft zu zerstören.

Unter Umweltaspekte werden Bestandteile von Tätigkeiten, Produkte oder Dienstleistungen einur Organisation, die Auswirkungen auf die Umwelt haben oder haben können, verstanden. Dies können negative oder positive Auswirkungen sein.

Eigentlich müssten den Entscheidungsträgern klar sein, dass es ein „weiter so" nicht geben kann und ernsthaft Maßnahmen ergriffen werden müssen, um unseren schönen blauen Planeten, vor dem Sterben zu retten.

Es ist fünf vor zwölf, das müsste jedem bewusst sein.

Und was geschieht, eigentlich gar nichts und stellenweise zu wenig!

Die Menschen sind dabei, ihren Globus nachhaltig zu zerstören. Die gesamte Negativbilanz seines Tuns, die dazu führen wird, dass der Homo sapiens seine eignen Lebensgrundlagen nachhaltig zerstört, kann ich hier nicht abschließend besprechen. Es sind zu viele Umweltsünden.

Ich greife nur einige wichtige Felder heraus, die das Dilemma deutlich machen und aufzeigen, wo der Hebel unbedingt angesetzt werden muss, denn in den letzten drei Jahrhunderten, sind die Negativeinflüsse des Menschen auf die globale Umwelt eskaliert und können kaum noch rückgängig gemacht werden. Es ist fünf vor zwölf, aber es ist noch nicht zu spät.

Zum Einstieg in die Materie präsentiere ich zunächst drei Geschichten, um ein wenig in die Problematik hineinzuführen, die sich mit dem Artenschutz, mit unseren Flüssen und der Ambrosia beschäftigen.

Danach folgen einige Begriffsbestimmungen und einige umweltrelevante Fakten sowie Umwelt-

aspekte, die allerdings nur kleine, aber wichtige Teilaspekte des Umweltschutzes erläutern und aufzeigen. Es werden oft Begriffe verwendet, die keinen Sinn machen, zum Beispiel: „Klimaneutral".

Kann ein Klima neutral sei. Neutral heißt doch unparteiisch, ausgewogen und wertfrei zu sein. Kann das Klima, diese Eigenschaften erfüllen. Es ist bestimmt etwas anderes gemeint. Ich werde versuchen, zu erklären, was damit gemeint sein könnte.
Das Buch soll ein gewisses Basiswissen Umwelt vermitteln.
Wer tiefer in die Materie einsteigen möchte, findet sehr viel gute Fachliteratur in den Büchereien und im Internet.

Inhaltsverzeichnis

1. *Vögel über der Stadt.*
2. *Leben am Fluss.*
3. *Ambrosia*
4. *Klimawandel*
5. *Eutrophierung*
6. *Treibhauseffekt*
7. *Mikroplastik*
8. *Ozon*
9. *Reduzierung klimarelevanter Spurengase*
10. *Klärschlämme*
11. *Gülle*
12. *Feinstäube*
13. *Umweltrelevante Fakten und Hintergründe*
14. *Zoonosen*
15. *Sonstiges*
16. *Begriffsbestimmungen*

17. **Schlussbemerkung**

Die erste Geschichte, mit der ich beginnen möchte, hat leider einen wahren Hintergrund, beschäftigt sich mit dem Artenschutz, hier mit dem Schutz seltener Vögel.

1. Vögel über der Stadt.

Peter Sonne war ein sehr naturverbundener Mensch.
Nach dem Ausscheiden, aus dem aktiven

Arbeitsleben widmete er sich noch intensiver als bisher der wunderschönen Natur seiner Heimat. In der hügeligen waldbedeckten Naturlandschaft unternahm er, mit dem Feldstecher ausgestattet, ausgedehnte Wanderungen. Er beobachtete intensiv und mit großer Aufmerksamkeit die vielfältige Tier- und Pflanzenwelt der Region, die ihn erfreute. Mit immer neu gewonnenen Eindrücken kehrte er dann nach Hause zurück. Diese, in der Natur gewonnenen, positiven Eindrücke wirkten harmonisch nach, wenn Peter nach Hause kam.

Mit Genugtuung stellte er dabei immer wieder fest, dass sich viele Tierpopulationen in den letzten Jahren wieder erstaunlich gut entwickelt hatten. Die Arten-vielfalt, die sich nun wieder vermehrt eingestellt hatte, erinnerte ihn an seine Kinderzeit mit großer Artenfülle und intakter Umwelt. Vielleicht zahlten sich doch nun langsam, die intensiven Bemühungen, der vielen Naturschützer aus, die meist ehrenamtlich, diese Tätigkeit wahrnahmen. Und auch die verschiedenen, zum Schutz der Natur erlassenen Gesetzte zeigen nun Wirkung und trugen dazu bei, dass die Natur wieder vielfältiger wurde.
Bei den Wanderungen fiel ihm im Gegensatz zu

früher auf, dass sich die Vögel heute mehr aus dem freien Gelände hin zum bebauten Gelände orientieren.

Es war eindeutig festzustellen, dass sich die Vögel zunehmend in den Siedlungsgebieten breitmachen. Dieses Phänomen beobachtete Peter schon eine geraume Zeit, ohne dass er die Ursachen dafür kannte. Wahrscheinlich finden sie dort die besten Lebensbedingungen.

Er wollte bei nächster Gelegenheit seinen Bekannten, den Ornithologen Dr. Taube, mit dem er ein freundschaftliches Verhältnis pflegte, darauf ansprechen.

Mittlerweile kannte Peter die Orte, an denen er ungestört seine gefiederten Freunde beobachten konnte. Er brauchte sich nur einige Zeit in den Park oder Garten zu setzen und schon bald kamen die Vögel ohne Scheu aus dem Gebüsch hervor. Zierliche sich ständig bewegende Zaunkönige und Winter-goldhähnchen, scheue Heckenbraunellen, emsige Buchfinken, wache Rotkehlchen, wohlgenährte Dompfaffen und viele andere Arten, konnte er durch das Glas beobachten.

Die Emsigkeit der Vögel imponierte ihm immer wieder.

Es blieb ihm aber, als aufmerksamer

Naturbeobachter nicht verborgen, dass es in jedem Frühling etwas leiser in den Fluren wurde und verschiedene Arten seltener auftauchten.
Rebhühner, die er in seiner Jugendzeit sehr oft sah, waren nun fast nicht mehr zu sehen.
Er machte sich Gedanken, woran das wohl liegen könnte.
In einem Fachartikel, der sich mit dem Artenrückgang der Rebhühner beschäftigte, war als Hauptursache die Intensiv-Land-wirtschaft erwähnt, die alle für die Rebhühner wichtigen Wildkräuter, vom Menschen als Unkräuter angesehen, mit Chemie weggespritzt werden.
Selbst die Ackerraine einst, Refugien für Rebhühner sind nicht mehr anzutreffen.
Der intensive Einsatz von Pflanzenschädlingsbekämpfungsmittel im großen Stil setzt den Rebhühnern zu, denn während der Brutzeit, benötigen insbesondere die Weibchen, die sonst Vegetarier sind, Insekten, Würmer, Raupen, Ameisen und Ähnliches um ihre Brut.
Die Kräutervielfalt wird dadurch negativ beeinträchtigt und die tierische Nahrung wird immer geringer. Die Rebhühner haben es schwer ihren Bestand zu sichern.
Tierische Nahrung fehlte auch immer mehr, beispielsweise für die Vögel, überlegte Sonne. Er

hätte gerne einmal gewusst, wie viel Insekten täglich an den Windschutzscheiben, der Autos, LKWs Busse und der Bahn getötet werden, und nicht mehr als Nahrung für die Vögel zur Verfügung stehen. Somit trägt der moderne Mensch und Transportverkehr indirekt zum Artensterben der Vögel bei.
Und die speziellen Arten, die auf ein besonderes Futter an-gewiesen waren, hatten es dabei besonders schwer.
Anscheinend fanden die Vögel, die er hier beobachtete, noch genug Nahrung.

Unentwegt, scheinbar nie müde werdend, flogen Altvögel aus und kamen mit Futter im Schnabel zurück, um den Hunger der Brut zu stillen.
Einfach fantastisch. Eine wirkungsvolle biologische Schädlingsbekämpfungsmaschine, die automatisch ablief.
Wer Vögel im Garten hat, kann die Giftspritze getrost in den Müll werfen, ging es ihm durch den Kopf.
Peter schwenke das Fernglas nach oben, weil, um diese Zeit öfter mehrere Milane am Himmel zu beobachten waren. Auch diesmal war es wieder so. Hoch oben im freien azurblauen Himmel zogen sie

lautlos ihre Bahn. Mithilfe der Thermik schwangen sie sich immer höher, so als würden sie die physikalischen Gesetze kennen, so hoch, bis sie nur noch als schwarze Punkte am Horizont zu erkennen waren.
 Es war immer wieder ein erhabener Anblick, den Peter erfreute.

Plötzlich stockte Peter der Atem.
Er setzte das Glas kurz ab, um sich zu vergewissern, dass er nicht träumte. Am Himmel bewegte sich sehr schnell im Gleitflug ein Vogel der seine Lageenergie geschickt ausnutzte und den er vom Erscheinungsbild, hier noch nicht gesehen hatte. Der Vogel hatte eine andere Körperform und eine andere Federstruktur, das konnte er durch das Fernglas erkennen. Er wirkte wie ein rasender dunkler Punkt.
Peter versuchte, dem sich rasant schnell entfernenden Punkt am Himmel mit dem Fernglas zu folgen. Der Vogel war aber schon gen Süden gegen die Sonne, in Richtung Felswand verschwunden.
Was war das, fragte er sich.
Für einen Bussard oder Sperber war der Vogel zu groß und zu schnell. Die Schnelligkeit ließ darauf

schließen, dass es sich um einen „Greifvogel" handeln könnte. Spekulationen anzustellen, machte aber keinen Sinn, er musste einfach darauf hoffen, den Vogel noch mal vor das Glas zu bekommen.

Er beschloss, seine Beobachtungen das nächste Mal unterhalb der Felswand fortzusetzen, dort wohin der Vogel geflogen war. Die Felswand, in der das Tier verschwunden war, heißt im Volksmund der „Gefallene Felsen" und besteht aus porösem Konglomeratgestein und ist somit ein ideales Brutrefugium- für Vögel aller Art und liegt zudem sehr geschützt. Der gefallene Felsen fällt steil zum Flussufer ab und ist zu Fuß nicht begehbar. Die steile Felswand kann nur mit entsprechender Kletterausrüstung bestiegen werden. Dem Alpenverein bieten sich hier ideale Möglichkeiten zum Training. Die Vögel wissen offensichtlich, wo sie die meiste Sicherheit finden.
Die Vögel haben einen Instinkt dafür, dass ihnen die Menschen hier nicht gefährlich werden können. Die Nester in der Wand waren von unten gut, zu kennen, die weißen Kotspuren unmittelbar da- runter verrieten sie.

Die weißen Flecken sahen wie Altschnee in der Frühlingssonne aus.

Viele Vogelliebhaber standen oft unten am Fluss und beobachteten mit den Feldstechern das muntere Treiben in der Felswand. Die Vögel glitten unter Ausnutzung der Thermik majestätisch dahin, so als verstünden sie die Sprache des Windes und sahen dabei auf die Stadt herab, die an einem Fluss lag. Die zumeist schiefergedeckten, kleinen Häuser lagen dicht gedrängt am Berghang und im Tal mit einem Fluss. Und einer Kirche, die wie ein Schwalbennest an der Felswand hängt.

Die Vögel sahen mit ihren scharfen Augen auf die Stadt, die von oben malerisch und friedlich aussah und die menschlichen Probleme, die es hier auch gab, klein erscheinen ließen. Die Menschen hatten es hier nicht einfach, denn Arbeitsplätze waren rar und die Jugend wanderte ab, die Stadtkasse war leer, und es gab immer mehr Alte. Der sogenannte demografische Wandel zeigte sich hier in seiner Deutlichkeit. Nicht jedoch bei den Vögeln, sie schienen keine Generationsprobleme zu haben.

Es war eine sterbende Stadt. In den letzten zwanzig Jahren war sie um zehntausend Bürger geschrumpft und die Probleme wurden immer größer. Dennoch verloren die Menschen erstaunlicherweise nicht den Mut, denn es gab auch viel Positives zu erwähnen, was die individuelle Lebensqualität, der Menschen positiv beeinflusste und sie ausharren, lies. Es war ja auch Ihre Heimat, seine Heimat ver lässt man nicht so einfach.

Die Natur war in einem intakten Zustand, die Luft sauber, die Gewässer von guter Qualität, die hügelige Berglandschaft war reizvoll und der Wald ein ausgezeichnetes Naherholungsgebiet. Solche Naturgüter kann man nicht kaufen, man muss sie besitzen. Die Menschen waren mit dem zufrieden, was ihnen die Natur zugedacht hatte, und waren ihrer Heimat eng verbunden. Und bedingt, durch die ländlichen Gegebenheiten, waren die Lebenshaltungskosten und die Mieten, vergleichsweise gering.

Als Peter nach Hause kam, rief er sofort Dr. Taube an, um ihn von der Vogelbegegnung zu berichten und ihn, um Rat zu fragen. Nachdem es dreimal geläutet hatte, wurde am anderen Ende der Hörer abgenommen.

„Hier Taube, Dr. Taube."

„Guten Abend Herr Doktor, hier ist Peter Sonne."

„Ja, guten Abend, Herr Sonne, was kann ich für sie tun."

Peter schilderte seine Beobachtung mit dem ihm unbekannten Vogel.

„Das ist hochinteressant, sagte Taube gedankenversunken. Schade, dass sie mir nicht mehr über den Vogel berichten können. Deshalb wage ich zurzeit auch noch keine Benennung, aber ich habe eine Vermutung. Wir bemühen uns im Rahmen eines Artenschutzprogramms um den Erhalt, beziehungs- weise um die Neuansiedlung bedrohter Vogelarten, aber der ganz große Durchbruch ist uns trotz aller Bemühungen noch nicht gelungen. Es wird leider sehr viel zerstört, was wir mühsam aufgebaut haben, fügte er resigniert hinzu. „Auch sind schon mehrfach Gelege von seltenen Vogelarten durch Menschen gestohlen worden."

„Was wäre denn so ein nennenswerter Durchbruch" von dem sie sprachen, fragte Peter.

„Das ist leicht zu beantworten. Ein großer Erfolg unserer Bemühungen wäre es, wenn der Wanderfalke am gefallenen Felsen wieder brüten würde."

„Wanderfalke"

„Ja, dieser prächtige Vogel steht unter Naturschutz. Dazu war man leider gezwungen, um die letzten Bestände vor der Ausrottung zu schützen.

„Warum stellt man diesem Vogel nach", fragte Peter interessiert.

„Der Falke ist ein hoch spezialisierter Verfolgungsjäger.

Es ist ein ausgesprochener Felsbrüter und fühlt sich besonders, an steilen Felshängen wohl. Er wird in Falknerei für die Jagd abgerichtet. Falken sind aus diesem Grunde sehr begehrt und erzielen auf dem Schwarzmarkt horrende Prei-se. Auch in den arabischen Ländern sind sie sehr gefragt. Die Falknerei ist eigentlich ein Relikt aus hochherrschaftlicher Zeit.

Sie wurde im Mittelalter insbesondere in England gepflegt. Nur dem Kaiser beispielsweise stand damals das Recht zu, einen Gerfalken, den größten aller Falken zu besitzen. Nur der König hatte das Recht, sich Wanderfalken zu halten. Ritter und Knappen durften Turmfalken oder Hühnerhabichte besitzen."

„Ich möchte aber nicht abschweifen, auf jeden Fall muss man auch heute sehr auf der Hut

vor Nesträubern sein. Auch die Taubenzüchter sind hinter dem Falken her. Sie fürchten, er könnte ihre wertvollen Brieftauben schlagen. Sie legen oft vergiftete Köder aus.
Die Altvögel fressen davon und sterben. Gleichzeitig stirbt auch die Brut, weil sie nicht mehr mit Futter versorgt wird. Wir sind nun schon selbst dazu übergegangen, die Eier aus dem Horst zu nehmen, sie fachkundig ausbrüten zu lassen und die Falken dann auszuwildern. Das scheint wohl die richtige Methode zu sein, den Bestand an Falken nachhaltig zu sichern."

„Es ist zwar richtig, dass die Falken lieber einen Taubenbraten fressen als andere Vögel, sie machen aber keinen Unterschied zwischen Wildtauben und Brieftauben. Die Taubenjagd kann sogar nützlich sein, am Kölner Dom z. B. nistete jahrelang ein Wanderfalkenpärchen, das mit den Stadttauben aufgeräumt haben.
Ich möchte aber keinesfalls die Taubenzüchter pauschal verdächtigen, aber dennoch haben wir einige Belege gefunden, die auf dieses Lager hinweisen.
Schließlich sind doch gerade die Taubenzüchter, Menschen die Vögel lieben. Deshalb ist ein solches Verhalten nicht zu

verstehen.

„Die Vögel werden leider auch hinterlistig abgeschossen und auf dem Schwarzmarkt einem Präparator angeboten, der die ausgestopften Vögel zu einem hohen Preis an „Vogelliebhaber" verkauft. Sie sehen daran, dass der Wanderfalke viele menschliche Feinde hat. Wir können nicht genug auf der Hut sein, sagte Taube mit resigniertem Ton.

„Das ist ja furchtbar, warum tun die Menschen so etwas", konnte Peter nur noch sagen. „Ich hätte nicht gedacht, dass es heute noch so etwas gibt. Wie kann man, die Falken wirksam gegen diesen Frevel schützen?"

„Das versuchen wir. „

„Die Umweltverbände und die zuständigen Behörden sowie viele ehrenamtliche Helfer bemühen sich und betreiben Aufklärung. Sie appellieren an die Bevölkerung den Vögeln ihren Lebensraum zu lassen und sie als wichtigen Teil unserer Natur zu begreifen. Leider gibt es aber immer wieder kranke Seelen, anders kann ich es nicht ausdrücken, denen es offensichtlich Spaß macht, sie zu töten."

„Hier kommen wir mit Argumenten nicht weiter, weil sich hier eine Grauzone der Anonymität

auftut. Die Gegner stecken unter einer Decke und sind eine starke
Macht."

„Es könnte sein, dass unsere Bemühungen sie anzusiedeln, vielleicht doch von Erfolg gekrönt werden, und der Wanderfalke bei uns wieder eine Heimstatt findet. Dann hätten sich die gemachten Anstrengungen doch gelohnt."

Peter bedankte sich für die informativen Ausführungen und machte sich am Morgen marsch-bereit. Steckte, nachdem er gefrühstückt, hatte das Fernglas, die Kamera und das Stativ in den Rucksack und machte sich auf den Weg zur Felswand, in der Hoffnung, der Vogel würde dort wiederauftauchen.

Sein Blick schweifte durch das grüne mit Bäumen bestandene Kerbtal, aus dessen Grunde, der graue Morgennebel schweigend auftauchte. Mit kleinen silbernen Geweben war die Wiese gedeckt, die er gerade passierte. Heute wird bestimmt ein schöner Tag, ging es ihm durch den Kopf.

Als er nach einem kleinen Fußmarsch, die Felswand erreichte, war es hier merkwürdig still, so als würde sich etwas Unbestimmbares an-bahnen. Peter richtete das Stativ auf die Felswand aus und befestigte die Kamera. Voller Spannung *suchte er mit dem Fernglas systematisch die Felswand ab. Oberhalb der weißen Kotstellen waren in den zahl-reichen Felsnischen Nester zu erkennen.*

Es handelte sich aber überwiegend um verlassene Krähen-, Dohlen-, Elster-, oder Mauersegler-Brutstätten, also um nichts Außergewöhnliches. Enttäuscht wollte Peter gerade das Stativ abbauen, als er in einer Felsnische eine kurze, von unten kaum wahrnehmbaren Bewegungen, bemerkte. Er riss das Glas hoch und erkannte am Flaum drei Jungvögel, die unruhig die Schnäbel öffneten und vorsichtig mit den Stummelflügeln flatterten und sich danach wieder still und unbeweglich in die Nestmulde abduckten.

Eilig richtete Peter die Kamera aus und stellte das Objektiv ein. Durch das Teleobjektiv konnte er die drei Jungvögel genauer erkennen. Die "Nestlinge" hatten ein beige-bräunliches Obergefieder und Hakenschnäbel. Mehr war von unten nicht zu erkennen, weil sich die Vögel ihrer Natur nach, gegenseitig wärmend und flach am Horst anschmiegend, auf neues Futter wartend, kaum bewegten und auch keine verräterische Laute, abgaben.

Peter schoss schnell ein paar Bilder, die er Dr.

Taube am Abend zeigen wollte. Ein Altvogel hielt sich am Nest auf und reckte den Kopf aufgeregt hin und her. "Hatte er das brechende Licht der Kamera entdeckt." Hoffentlich habe ich den Vogel nicht erschreckt, das könnte verhängnisvoll sein, denn gestörte Greifvögel verlassen schnell ihre Brut und kehren nicht mehr zurück, überlegte Peter und funktionierte das Stativ geräuschlos zusammen.

Er schaute zur Felswand hoch und sah, wie ein Altvogel, ein paar Schwingenschläge vollzog, so als wolle er gerade abheben. Er konnte deutlich den charakteristischen Signalruf „kick, kick, kick „, hören, der immer schneller wurde. Offensichtlich störte den Vogel irgendetwas, dies signalisierte, der aufgeweckte Signalruf.

Peter machte sich auf den Heimweg und wollte sogleich in seiner Dunkelkammer die Bilder entwickeln. Als er zu Hause ankam, telefonierte er sofort mit Dr. Taube und berichte ihm über seinen Fotoerfolg.

„Wann sind die Bilder fertig", fragte Taube voller Ungeduld.

„In gut einer Stunde."

„Gut, dann komme ich in einer Stunde bei ihnen vorbei."

„Ich freue mich", sagte Peter und legte auf. Es klingelte an der Haustür, Peter öffnete. Der Doktor trat ohne Gruß ins Haus und kam sofort zur Sache." Sind die Bilder schon fertig. Ich bin schon nervös."

„Die Bilder sind gut geworden, hier sehen Sie."

Taube fingerte, ohne ein weiteres Wort zu sagen, eine Lupe aus der Westentasche. Tatsächlich wunderbar. Taube beugte sich nach vorne und hielt das Bild ans Licht und betrachtete es.

„Das ist ja unglaublich.

Wissen sie, was sie da fotografiert haben." Peter schwieg.

„Es sind junge Wanderfalken und gleich drei. Meistens ziehen die Altvögel nur zwei Junge auf. Das ist wunderbar. Ich kann mich nicht mehr erinnern, wann zum letzten Mal bei uns Wanderfalken gebrütet haben. Falken sind sehr standorttreue Vögel, wenn sie erst mal einen guten Brutplatz gefunden haben, bleiben sie ein Leben lang dort. Das wäre wunderbar. Das gibt Hoffnung, dass sich noch viele Vogelfreunde und Vogelschützer an ihnen lange erfreuen können."

„Kann es sein, dass ich die Altvögel beim

Fotografieren gestört habe", fragte Peter besorgt. „Ich habe deutlich ihren Alarmruf vernommen, der immer länger gezogen wurde."

„Das ist gut möglich, sagte der Ornithologe, die Tiere sind sehr scheu. Wenn Jungvögel im Nest sind, bleibt das Weibchen ständig beim Nest, während das Männchen Futter ranschafft. Da das Falkenauge dreißig Mal besser sieht als das menschliche, nimmt der Vogel auch Bewegungen aus größerer Distanz wahr." „Der Falke ist in der Lage, aus dreißig Metern Höhe die Augenfarbe seiner Beute zu erkennen. Er hat eine Spannweiter von 35-51 cm und ist der schnellste Vogel der Welt. Er ist ein wunderbares Tier.

Falken registrieren instinktiv jede Veränderung. Sie vergleichen das derzeitige Zustandsbild mit dem Gespeicherten vorher. Es findet ein Abgleich statt.

Ich glaube aber, dass die Altvögel in der Zwischenzeit zum Horst zurückgekehrt sind. Es ist nichts Außergewöhnliches, wenn sie mal längere Zeit ausbleiben, machen sie sich deshalb keine Sorgen.

Es kann sein, dass sie keine Beute geschlagen haben oder sich am Rupfplatz etwas ausruhen möchte. Die Arbeit am Rupfplatz ist für den Vogel, sehr anstrengend, denn er lässt an seiner Beute kaum eine Feder. Er hat dabei Stress und schaut sich nach allen Seiten um, um Rivalen zu entdecken, die ihm die Beute abnehmen möchten. Nach der Rupfung, verbleiben oft Nahrungsreste am Rupfplatz, meist Federn, Knochen oder Haare, meistens sind die Federn eines Beutevögel kreisförmig angerichtet, weil sich der Wanderfalke, beim Rupfen nach allen Seiten umschaut, ob Feinde und Prädatoren, also hier Fressfeine oder Beuteräuber in der Nähe sind.

„Ich möchte sie bitten", fuhr Taube fort, „über die Angelegenheit Stillschweigen zu wahren. Es wäre mir sehr daran gelegen, bevor es jedermann erfährt, dass wir zunächst geeignete Schutzmaßnahmen ergreifen. Die Horste müssen rund um die Uhr bewacht werden. Ich werde gleich morgen unseren Verband, die Behörden und die Polizei informieren."

„Halten Sie das alles für wirklich notwendig „fragte Peter.

„Ja leider.

Bei aller Freude, die ich augenblicklich empfinde, schellen doch die Alarmglocken. Von einem Tag auf den anderen kann die

Arbeit von Jahren zunichte gemacht werden. Wir müssen ständig auf der Hut sein, sonst war möglicherweise alles umsonst." „Ich hätte noch eine Frage".

„Ja, bitte."
„Mich interessiert, warum diese eleganten Gleiter Wanderfalken" heißen. Ich finde, sein eleganter Flug hat mit „Wandern" doch überhaupt nichts zu tun" Ich gebe ihnen die Antwort das nächste Mal, ich muss jetzt nach Hause", sagte Taube nervös.

Kurze Zeit, nachdem Peter seinen Beobachtungsstand verlassen hatte, tauchte, Peter vermutete das Männchen, tatsächlich am Horst auf.
Der Greifvogel hatte eine Elster in den Fängen, gierig reckten sich ihm drei Schnäbel entgegen. Das Männchen überließ dem Weibchen die Beute, die sie in kleine Stücke zerriss und die Fleischbrocken in die hungrigen Schnäbel stopfte. Kaum war die Beute verzehrt, tauchte das Männchen, pfeilschnell wie ein Schatten, diesmal mit einer Krähe wieder auf und landete elegant am Rupfplatz.
Mit seinen kräftigen und spitzen Krallen hielt der die Beute fest, riss ihr die Federn vom Leib und

wie ein Suppenhuhn aussehend übergab er sie fressgerecht seiner Gemahlin.

Als exzellenter Verfolgungsjäger hatte er die Krähe unter sich fliegen sehen, die Flügel angelegt und sich im Steilflug auf die Beute gestürzt. Die Krähe hatte keine Chance. Die scharfen Krallen bohrten sich wie Pfeile in das Opfer. Federn stoben auf, für einen kurzen Augenblick ließ er die Krähe in der Luft los, so als wolle er sich überzeugen, dass seine Beute nicht mehr lebte, und fing sie, nachdem sich kein Leben mehr zeigte, elegant wieder auf.

Vielleicht wollte er auch nur mit seiner Beute spielen und seine Überlegenheit demonstrieren. Es war ein Naturschauspiel, was man nicht alle tagen beobachten konnte.

Das Altvogelweibchen am Horst beobachtete während der Fütterung aufmerksam mit seinen scharfen Augen das Umfeld. Irgendetwas beunruhigte sie, denn sie wirkte nervös, schlug mit den Flügeln, drehte den Kopf ständig in eine andere Richtung und stieß einen Warnruf aus. Auch das Männchen beobachte misstrauisch das Umfeld von einem Felsvorsprung aus. Irgendetwas schien die beiden zu beängstigen.

Dr. Taube verständigte am nächsten Tag die

untere Landespflegebehörde, den Ornithologen Verband und die Polizei über das freudige Ereignis. Er wollte sich danach am gefallenen Felsen mit Peter treffen. Als Taube am Treffpunkt eintraf, war Peter schon da.

„Guten Morgen, gibt es was Neues."

„Nein nichts Auffälliges" antwortete Sonne. Ich kann mich an den Vögeln gar nicht sattsehen. Es ist einfach wunderbar."

„Ich fürchte, dass wir unser Geheimnis nicht lange verborgen halten können. Die Presse wird bestimmt bald berichten", meinte Taube.

Dr. Taube und Peter schauten den Vögeln noch eine ganze Weile zu und waren immer aufs Neue von der lautlosen Schnelligkeit und dem harmonischen Flug der Falken fasziniert.

Es dämmerte bereits, als sie sich verabschiedeten. Die Falken waren zum Horst zurückgekehrt und hatten ihre Schwingen schützend über ihre Brut gebreitet.

Leider traf das ein, was Taube befürchtet hatte. Obwohl Peter und er sich absprachegemäß an ihre Vereinbarung hielten und Stillschweigen bewahrten, sprach es sich in der Stadt wie ein Lauffeuer herum, das am Gefallenen Felsen wieder Wanderfalken brüteten. Die örtliche Presse *berichtete ausführlich über das Ereignis und kurze Zeit später bildete sich unterhalb des Felsen eine Menschenansammlung, die mit Ferngläsern und Fotoapparaten ausgerüstet zur Wand hochsah und die majestätischen Flieger beobachtete. Auch ein Kamerateam rückte an, um einen Dokumentarfilm fürs Fernsehen zu drehen.*

Fotoapparate klickten, Kameras surrten.

Insgesamt war es ziemlich unruhig und hektisch.

Diese Unruhe unterhalb der Felswand war den Falken nicht verborgen geblieben. Sie kreisten unruhig in der Luft, den Blick nach unten gerichtet und stießen ihre Warnschreie aus.

Mit ihren scharfen Augen erkannten sie sofort Menschenansammlungen unter sich und jede einzelne Bewegung.

Sie hörten das Klicken und Surren der Kameras und die Gespräche der Menschen. Die fremdartigen Geräusche beunruhigten sie. Mit zwei kräftigen Flügelschlägen waren die Altvögel hinter der Felswand verschwunden. Altvögel sind die, die schon mal eine Brut hatten. Die Jungvögel im Horst waren in Deckung gegangen und konnten von unten nicht mehr gesehen werden. Die Alten hatten ihnen mit dem Warnruf Gefahr signalisiert.

Sogenannte Vogelfreunde setzten Drohnen ein, die

in einem Abstand von zwei Meter zur Felswand hochflogen und direkt über den Horst in der Luft standen.

Der Krach dieser Flugkörper verängstigte die Nestlinge und die Naturschützer fürchteten, die Altvögel würden nicht mehr zum Horst kommen. Nachdem die Alten hinter der Felskuppe verschwunden waren, kehrte wieder Ruhe ein und die Menschentrauben lösten sich allmählich auf.

Die Herren Argwohn und Bösewicht, die unterhalb des Felsen in der kleinen Stadt wohnten, waren leidenschaftliche Brieftaubenzüchter und schenkten ihren gefiederten Lieblingen mehr Aufmerksamkeit als ihrer eigenen Familie.
Jede freie Minute verbrachten sie im Taubenschlag bei ihren Tieren. Die Wanderfalken waren ihnen jedoch, ein Dorn im Auge. Sie wollten sie vernichten, obwohl sie immer wieder betonten und jeden zu verstehen gaben, dass sie Tierfreunde waren. Das galt aber für die Wanderfalken nicht.
 Bösewicht, wollte gerade seine „Danziger Hochflieger" füttern, als das Telefon schellte. Schnaufend nahm er den Hörer ab, hier Bösewicht".

„Hast du schon gehört", sagte Argwohn.

„Was denn."

„Hast du noch nicht die Zeitung gelesen."

„Mach es doch nicht so spannend, was ist denn los"

„Am gefallenen Felsen brüten wieder Wanderfalken."

„Was, so ein Mist, da kann ich ja die Tauben gar nicht rauslassen."

„Ich habe meine vorsichtshalber auch eingesperrt. Ich will nichts riskieren."

„Das ist auf Dauer natürlich keine Lösung", sagte Argwohn. "Wir können die Tiere doch nicht permanent einsperren. Fliegen ist ihr Element. Wenn sie nicht fliegen, werden sie krank und sie gewinnen keine Preise mehr."

„Dann lass dir mal was einfallen, wie man das Problem lösen kann", sagte Bösewicht süffisant."

„Das werde ich auch, darauf kannst du dich verlassen." Bei der Polizei klingelte das Telefon, ja bitte. "Hier ist Herbert Wachsam. Ich befinde mich oberhalb des Gefallenen Felsen und habe hier im Gras einen toten Raubvogel gefunden. Ich glaube, es handelt sich um einen Wanderfalken"

„Wie sieht der Vogel aus, können sie ihn

beschreiben", fragte der Polizist.

„Ja er hat graublaue Oberfedern, schwarz-weiß gesprenkelte Brustfedern und einen Hakenschnabel.

Die Spannweite beträgt etwa einen Meter."

„Sie haben wahrscheinlich recht, dass es sich um einen Wander-falken handelt. Bleiben sie bitte am Fundort, wir kommen gleich."

Der diensthabende Beamte informierte unverzüglich Dr. Taube und die zuständigen Behörden. Taube rief Peter an und bat ihn, zur Fundstelle zu kommen.

Als sie an der Fundstelle ankamen, bot sich ihnen ein trauriges Bild. Es war ein toter Wanderfalke, der dort regungslos im nassen Gras lag. Ein Edler der Luft, ein exzellenter Luftakrobat, lag nun regungslos vor ihnen. Es war kein schöner Anblick so sehen, wie das vitale, dynamische Leben, dieses Vogels nicht mehr existierte.

Keiner sagte ein Wort.

Dr. Taube beugte sich behutsam über den Vogel und bewegte die Schwingen, auf ein Wunder hoffend, doch er konnte kein Leben mehr feststellen. Er drehte den Vogel zur Seite und überprüfte, ob eine Einschussstelle zu sehen war.

Dies war jedoch nicht der Fall.
„Ich fürchte, er ist vergiftet worden! Ich werde ihn untersuchen lassen, um die Todesursache feststellen zu lassen."

Er nahm den leblosen schlaffen Körper vom Gras auf und steckte ihn in einen Beutel.
„Wer tut so etwas", fragte Wachsam resigniert, der die ganze Zeit geschwiegen hatte. "Wer ist zu so einer
Gräueltat fähig."
Niemand gab eine Antwort.
Peter brach als Erster das Schweigen. „Wir müssen schauen, dass wir den anderen Altvogel finden. Vielleicht ist er verletzt und kann die Brut nicht mehr mit Futter versorgen."
„Sie haben recht", sagte Taube mit ernster Stimme.
Vielleicht lebt der andere Altvogel noch, wir müssen uns sofort auf die Suche machen. Die Anwesenden schwärmten aus und bildeten eine Menschenkette von circa drei Metern Abstand von Mann zu Mann. Trotz der intensiven Suche war der Falke nicht zu finden.

Peter legte sich oberhalb der Felswand auf den Bauch und robbte vorsichtig an die Felsklippe

heran, um zu überprüfen, ob er von hier oben, den Horst einsehen konnte. Ein Polizist hielt ihn an den Beinen fest und Peter lehnte sich so weit, wie es ging nach vorne und versuchte mit dem Fernglas, den Horst auszumachen.
Tatsächlich konnte er aus seiner luftigen und gefährlichen Position in den Horst sehen. Ein schreckliches Bild bot sich ihm. Die drei Jungfalken lagen durchnässt, mit dem Kopf zur Seite regungslos ohne ein erkennbares Lebenszeichen im Horst. Wir müssen sie rauf holen, schoss es ihm durch den Kopf.
„Sie sind alle tot, vermute ich", sagte Peter mit bebender Stimme.
„Da ist wohl leider nichts mehr zu machen. Das habe ich leider befürchtet. Da hat jemand ganze Arbeit geleistet und alles zu-Nichte gemacht, was die Umweltschützer in jahrelanger Kleinarbeit aufgebaut haben. Ich muss sofort den Alpenverein verständigen und anfragen, ob sie die Brut bergen können. Die Tiere müssen untersucht werden, damit die Todesursache festgestellt werden kann", sagte Dr. Taube nervös.
„Mir ist zum Kotzen zumute!"
Es regnete bereits seit einiger Zeit, aber niemand hatte den Wetterumschwung richtig bemerkt, so

sehr war jeder mit dem Schicksal der toten Falken beschäftigt. Taube schaltete sein Handy ein, sprach mit dem Bergführer des Alpenvereins und trug ihm sein Anliegen vor.

„Wir können die Aufgabe übernehmen, das ist ein gutes Training", sagte eine Stimme am Ende. Wir treffen uns unterhalb des Felsens."

„Gut" sagte Taube. „Vielen Dank für ihre schnelle Hilfe."

Die Karawane verließ den Fundort und fuhr die steile Straße nach unten. Ein Vertreter des Alpenvereins war bereits eingetroffen.

„Guten Tag, mein Name ist Taube, Doktor Taube, ich bin Ornithologe."

„Angenehm, mein Name ist Günter Fels vom Alpenverein. Meine Kollegen müssen auch gleich eintreffen."

Peter deutete mit dem Finger auf die Stelle in der Felswand, wo sich der Horst befand.

„Dort wo der große weiße Fleck ist, sehen sie ihn." „Ja sagte Fels, ich sehe die Stelle, die sie meinen."

Zwischenzeitlich waren zwei weitere Bergsteiger eingetroffen. Sie hatten bereits ihre Ausrüstung angelegt und überprüften noch mal den

Sicherheitsgurt und die Sicherungsleine.

„Kann losgehen", sagte der eine."

„Gut dann los „gab Fels das Kommando. Bedächtig langsam, aber voll konzentriert stiegen die Männer in die Felswand ein.

Die mit Handschuhen bedeckten Hände griffen zielsicher nach Halt. Im porösen Gestein gab es viele Löcher, in denen die Ankerhaken eingeschlagen werden konnten. Die Männer kamen gut voran und Meter für Meter näherten sie sich sicher der Vogelbehausung, ohne dass ein Falkenwarnschrei ertönte. Diese gespenstische Stille war bedrückend.

Interessiert und gespannt schauten die am Boden Gebliebenen den Kletterern zu.

„Ich bin ihnen noch eine Antwort schuldig" sagte der Doktor zu Peter, „oder interessiert sie nun nicht mehr, warum die Falken Wanderfalken heißen. „ „Oh doch. Ich habe mir schon selbst den Kopf zerbrochen, aber keine Antwort gefunden."

„Nun eigentlich ist diese generelle Bezeichnung für unsere heimischen Falken nicht mehr ganz zutreffend. Die Bezeichnung trifft nur noch für die Falken zu, die im hohen Norden Europas leben und ihr Winterquartier in gemäßigten Zonen

suchen.

Unsere Falken sind zwischenzeitlich zu Standfalken geworden und wandern nicht mehr nach Süden. Das ist vielleicht eine Folge, die aus der zunehmenden Erwärmung der Erde resultiert. Unsere heimischen Wanderfalken haben sich in der Zwischenzeit, an unser wechselndes Klima gewöhnt und finden auch in den Wintermonaten bei uns genug Nahrung."

Nach einer knappen Stunde hatte der Vordermann der Bergsteiger den Horst erreicht. Der Zweite sicherte ihn seitlich von einem Felsvorsprung aus. Der Kletterer am Horst löste von seinem Gurt einen Beutel und tastete nach den toten Jungvögeln.
Von unten konnten die Anwesenden gut verfolgen, wie der Bergsteiger die leblosen Vögel in den Beutel steckte.
Die Männer in der Wand machen sich zugleich wieder, ohne die nötige Sorgfalt außer Acht zu lassen, auf den Abstieg. Nach einer halben Stunde hatten sie wieder sicheren Boden unter den Füßen. Nachdem sie etwas verschnauft hatten, legte er eine von ihnen, den leblosen Beutelinhalt auf den Bürgersteig.

Dr. Taube streifte sich Schutzhandschuhe über und entnahm den Beutelinhalt. Es bot sich ihm ein erbärmliches Bild. Die Jungvögel lagen durchnässt, mit halb geöffneten trüben Augen, auf den nackten Steinen. Nichts rührte sich mehr. Es war das Ende eines schönen Traumes.

Taube legte die toten Kadaver ganzbehutsam wieder in den Beutel, so als wolle er ihm nicht wehtun.

„Vielen Dank meine Herren „, sagte er mit gebrochener Stimme. "Vielen Dank für ihre Unterstützung."

Die örtliche Presse berichtete ausführlich vom Falkentod und stellte die Frage: "Wurden die Falken vergiftet."

"*Das Untersuchungsergebnis würde in drei Tagen vorliegen. Jedoch wären voreilige Schlussfolgerungen und Vorverurteilungen im Moment fehl am Platze. Erst sei das Ergebnis der Untersuchung abzuwarten. Das würde circa eine Woche dauern.*

Die Tage vergingen für Peter viel zu langsam. Mehrmals rief er voller Ungeduld bei Dr. Taube an und erkundigte sich, ob das Untersuchungsergebnis schon vorliegen würde.

Nein, sagte der Doktor, mich macht die Warterei

auch ganz nervös. Als das Ergebnis nach sechs Tagen vorlag, hätte Taube es am liebsten wieder fortgewünscht, denn er fand das bestätigt, was er befürchtet hatte.

Der Altvogel, es war das Männchen, wie sich herausgestellt hatte und die drei Jungvögel waren mit dem Pflanzenschutzmittel E-605 vergiftet worden. In den Kadavern konnten eindeutig Spuren des Giftes nachgewiesen werden. Offensichtlich hatte das Männchen, das für die Futtersuche verantwortlich war, einen vergifteten Köder angenommen und ihn an die Brut weitergegeben.
Das Weibchen, das bisher nicht gefunden wurde, war am Felsen nicht aufgetaucht.
Das könnte bedeuten, dass das Weibchen noch lebt, schöpfte der Ornithologe neue Hoffnung. Aber wie dem auch sei, den Schaden, den der Giftmörder angerichtet hatten, wog ungleich schwerer als die Hoffnung nach einem einsamen Falken-weibchen. Was hätte sie auch ohne ihr Männchen anfangen können.
Dr. Taube entledigte sich der unangenehmen Pflicht und informierte die Presse, die Behörden und natürlich Peter über die Schreckenstat. Wir

werden eine Belohnung aussetzen und, zwar dreitausend Euro", sagte er am Telefon, „vielleicht kann jemand sachdienliche Hinweise geben. Das bringt uns allerdings die Falken nicht zurück."
„Ich lege tausend Büro drauf", sagte Peter ernst. „Mehr kann man wohl im Moment nicht tun."
„Nein, wir können nur noch abwarten, zu welchen Erkenntnissen die Polizei kommen wird. Ich hoffe nur, die Polizei hat Erfolg."

Die Presse berichtete erneut über die Untat. Die Polizei rief die auf Bevölkerung auf, sachdienliche Hinweise zu geben und Beobachtungen zu melden. Die Recherchen der Polizei erstreckten sich zunächst auf die Brieftaubenzüchter. Allgemein herrschte große Ratlosigkeit. Die Polizei hatte noch keinen konkreten Ansatzpunkt und tappte immer noch im Dunkeln.
Irgendwie hatte man den Eindruck, die Polizei würde nicht mit der notwendigen Sorgfalt ermitteln und würde die Angelegenheit im Sande verlaufen lassen, denn die Ermittlungen brachten keine konkreten Ergebnisse.
Nur Argwohn und Bösewicht erfreuten sich an

der Tat, als sie vom perfiden Erfolg in der Zeitung lasen.

„Volltreffer" jubilierte Bösewicht, jetzt können wir die Tauben wieder rauslassen.

Trotz großer Anstrengungen der Polizei und der ausgesetzten Belohnung war es nicht gelungen, einen Anfangsverdacht gegen einen Täter oder einer Gruppe zu begründen. Obwohl sich die Polizei redlich mühte, den perfiden Vogelmord aufzuklären, war es nicht gelungen, die Täter zu ermitteln.

Taube fragte sich, macht das alles hier noch Sinn, nur um ein paar Vögel zu schützen, wo es doch auf der Welt, andere, größere Probleme gäbe, die unbedingt angepackt und geklärt werden müssten. Er fand für sich keine Antwort.

So kehrte in der Stadt unterhalb des Felsens der normale Alltag mit seinen Sorgen und Nöten wieder ein.

Die Menschen wandten sich wieder ihren Sorgen zu, sofern sie sich überhaupt davon abgewendet hatten, denn die Existenz Sorgen überwiegten doch.

Der Falkentod war schnell vergessen. Hoch über

dem Felsen zieht ein einsames Falkenweibchen seine Bahn und ruft nach seiner Familie. Unter Ausnutzung der Thermik schraubt es sich höher und höher, bis die Konturen der Häuser unscharf werden und die Menschen nur noch winzige schwarze Punkte sind.

Peter schaute dem Vogel nach und rief „Bleib doch hier, nicht alle wollen dir ein Leid antun."
Der Vogel hörte ihn nicht. Sie will nicht mehr hierher zurückkehren, das Wanderfalkenweibchen. Der Entschluss der Falkenwitwe steht fest. Niemals mehr wollte sie im Felsen oberhalb der Stadt brüten, niemals mehr die Häuser und die Menschen dieser Stadt sehen, die sie so schändlich behandelt hatten.
Wanderfalken sind Kosmopoliten.
Je nach Futterangebot sind sie Standvögel oder Langstreckenzieher oder Fernzieher, mit einer Flugreichweite von über 4000 Kilometer.

Vielleicht wäre das Weibchen auch hiergeblieben, wenn es nicht so viel Grausamkeiten erfahren hätte. Nun war es zu spät.
Peter war von diesen Tieren fasziniert, es machte

ihn aber auch nachdenklich, was hier geschehen war, und wollte ein paar einfache Verse schreiben, denn es war ein Abschied für immer. Die Stadt wollte unterhalb der Felsenkirche einen Lyrik Weg einrichten, vielleicht fände sein Gedicht dort einen Platz.

Das Falkenweibchen

Das Falkenweibchen zieht am Himmel einsam seine Kreise.

Sie ruft ihren Gatten, die Kinder, immer wieder ganz leise.

Doch niemand erwidert die Vogelweise.

Sie begibt sich nun auf eine lange Reise.

Wird niemals zurückkehren an diesen Ort.

Wird wegbleiben, sie ist für immer fort.

Denn Schreckliches war hier geschehen.

Wir werden sie nicht wiedersehen.

So verschwindet wieder eine Art.

Die sich nicht mehr im Felsen paart.

Es wird still in der Natur.

Vom Leben keine Spur.

Wanderfalke, ein wunderschönes Tier.

In dieser Geschichte ging es nur um eine spezielle, schützenswerte Art.
Generell geht es jedoch, darum alle Arten ausreichend zu schützen, auch die, die man auf den ersten Blick nicht sieht oder leicht übersieht, wie Stubenfliege.

Ebenso gilt das für Menschenaffen, genau für die Insekten einschließlich der Stubenfliege, Vögel, Rebhühnern, Amphibien und Fischen sowie für jede andere bedrohte Arten die in der „Roten Liste der gefährdeten Arten" und unseren besonderen Schutz bedürfen.
Nach Auskunft der Experten sind trotz aller Bemühungen, 30% aller Tier- und Pflanzenarten weltweit in ihrer Existenz bedroht. Rund 41000 Tierarten gelten zurzeit als bedroht. Und natürlich darf man nicht glauben, dass die Tiere, die nicht in der Roten Liste stehen nicht bedroht wären, denn die Rote Liste ist nicht vollständig.
Der Hauptverursacher des Artensterbens auch Extinktion genannt, ist mal wieder der Mensch. Dabei kann das Aussterben punktuell auf eine Population oder sich auf eine Art beziehen. Wenn das letzte Individuum einer Art ausgestorben ist, ist es zu spät.

Wenn ein Fisch auszusterben droht und weiter gefischt wird, ist diese Art verloren. Das Aussterben, zu mindestens lokal wird auch durch invasive Tiere und Pflanzen hervorgerufen und durch die Zerstörung und Vernichtung, der Klimawandel und anderen Ursachen.

Das Rebhuhn ist bei uns, durch den Einsatz von Pestiziden der intensiven Landwirtschaft und den Monokulturen und damit den Wegfall der natürlichen Lebensräume, als starkgefährdet eingestuft.

Wir sprechen nun vom Verlust der Biodiversität oder der Artenvielfalt.

Eine ausgewogene, selbstorganisierende funktionierende Umwelt benötigt eine Vielfalt intakter

Ökosysteme, mit genetischer Vielfalt und einen Reichtum der Fauna und Flora.

Jeder Einzelne kann in seinem persönlichen Bereich, selbst viel für den Artenschutz tun. Was auch schon geschieht.

Es geht damit los, dass man nicht jede Fliege, die sich gelegentlich ins Wohnzimmer verirrt, sofort totschlagen muss. Auch die anderen Insekten sollte der Mensch mehr achten, denn sie verrichten für uns viele nützliche Dinge, von denen viele nichts ahnen.

Eine Honigbiene kann pro Flug etwa 0,04 Gramm tragen. Davon ist etwa die Hälfte Pollen die andere Hälfte Nektar. Wii oft die nützlichen Tiere fliegen müssen, bis ein Honigglas voll ist, kann sich jeder selbst ausrechnen.

In der folgenden Geschichte geht es um den Gewässerschutz und dem Schutz unseren wunderschönen Flüssen. Der Schutz unserer Gewässer und Flüsse ist ebenfalls eine wichtige Aufgabe der Umweltpolitik, wird aber manchmal nicht ernst genug genommen.

Wir müssen den Flüssen mehr Aufmerksamkeit schenken. Viele von ihnen waren im Jahr 2022 fast ausgetrocknet. Das führt zu ernsten Problemen.

2. "Leben am Fluss"

Ein Plädoyer für unsere Flüsse.

Menschen wurden schon immer vom Wasser, von den Meeren und von den Flüssen so stark inspiriert und fasziniert, dass sie sich an Flüssen oder in deren Nähe niederließen, um die Vorteile, des Wassers, der Meere und der Flüsse, zu ihren Gunsten zu nutzten, wohl wissend, dass die Flüsse und Meere gelegentlich auch seine andere, eine bedrohliche Seite zeigen und den bisher gezogenen Nutzen, zunichtemachen können. So wie es sich an der Ahr gezeigt hatte.

Die Menschen haben die Natur im Laufe der Zeit für sich erobert.

Ich möchte einige Aspekte aufzeigen, denn ein Fluss ähnelnd dem Menschen. Er verläuft mal *schnell, dann wieder langsam, er schlängelt sich, mal hoch mal tief, immer in Bewegung, mal lang mal kurz, mal schmal mal breit und er spendet Leben.*

Ich bin davon überzeugt, dass es kein Leben „am Fluss, ohne ein Leben" im Fluss geben kann. Ich finde, dass unter Leben am Fluss, auch immer das Leben im Fluss, also die biologische Vielfalt, im Ökosystem Fluss zu verstehen ist. Eins bedingt das andere.

Es besteht insoweit ein Kausalzusammenhang. Das eine kann nicht vom anderen getrennt werden. Denn zunächst waren es meistens Fischer, die an den Flüssen sesshaft wurden und den Naturreichtum ausnutzten. Danach folgten andere Menschen, meist Handwerker. So bildete sich allmählich eine Dorfgemeinschaft heraus.

Seit Beginn der Menschheit sind die Flüsse, Lebensquell und guter Freund des Menschen und unterstützten ihn in mannigfacher Weise. Die Flüsse sind Lebenselixiere für Menschen, Tiere und Pflanzen. Eine Schicksalsgemeinschaft und wunderbare Symbiose zugleich.

Manches ist untergegangen, manches hat sich neu wieder entwickelt. Ein steter Wandel, wie die

Flüsse selbst und immer dann, wenn es die Menschen gut mit den Flüssen meinen, entwickelt sich neues Leben, das wieder neues Leben schenkt. Ein Fluss ist deshalb wesentlich mehr als nur Wasser und dennoch: „Auch der größte Fluss, muss einmal dem Meer sein Wasser geben." (Antonio Pazzaglia, 136,6). Und auch der Mensch- sei er noch so groß und stark, muss einmal sein Leben hergeben.

Und so empfinden und beurteilen wir die Flüsse nicht nur als Freunde, sondern vergleichen ihn gern mit dem eigenen Leben, das auch selten gradlinig verläuft und in Schleifen und Windungen abläuft und doch zu einem Ziel führt und irgendwann mal endet.

Wir können daraus lernen, dass die Lebenswege der Menschen, den Kurven und Windungen den Flüssen gleichen. Und diese Kurven führen, genau wie bei den Flüssen zu neuen Eindrücken und Erfahrungen. Diese Windungen im Leben eines Menschen gleichen den Falten im Gesicht. Sie sind die Erosionen der Menschheit.

Den Flüssen sieht man ihr Alter nicht an, obwohl sie nicht mehr in ihrem ursprünglichen Bett schlafen und sie insgesamt gegenüber den Urströmen friedlich geworden sind. Was heute unten ist, war früher oben.

Flüsse sind Kulturräume, Erholungsgebiete für Freizeitvergnügungen und Freizeitoasen zum Entspannen. Sie sind Erlebnisräume, die Menschen suchen sie. In Flüssen kann man schwimmen und Wasser Sport treiben. Flüsse sind wichtige Verkehrsadern, Trinkwasserreservate und unschätzbare Biotope für Flora und Fauna.

Flüsse und Bäche haben seit jeher, Maler, Komponisten und Literaten inspiriert. Für viele Städte seien sie nun groß oder klein, waren und sind die Flüsse die Geburtshelfer ihrer Existenz. Die Flüsse sind somit nicht nur Lebensquell für den Menschen, sondern auch für das tierische und pflanzliche Leben die Grundexistenz, die Basis allen Seins. An dem sich die Menschen erfreuen können.

Es ist daher nicht verwunderlich, dass andere Kulturen, den Flüssen eine höhere Bedeutung, einen höheren Stellenwert, einräumen als man es bei uns tut. In manchen Kulturkreisen sind Flüsse heilig, weil die Menschen die elementare Bedeutung der Flüsse, für die menschliche Existenz erkannt haben und den Fluss wie einen guten Freund behandeln, der immer für sie da sein soll.

So wie man eben einen guten Freund behandelt. Eine Menschheit ohne Flüsse wäre nicht existenziell.

Die Artenvielfalt ist im Feuchtbiotop Fluss, Gottlob bei uns noch sehr gut ausgeprägt und das soll auch so bleiben. Die Flüsse bieten Fischen, Vögeln, Insekten, Amphibien, Muscheln, Krebsen, Schnecken, Bibern, Fischottern und anderen Säugetieren, Wasservögeln und Mikroorganismen einen natürlichen Lebensraum. Auch die Flussperlmuscheln und Flusskrebse sind in manchen Flüssen wieder zurückgekehrt. Allerdings tummeln sich in unseren Flüssen zwischenzeitlich auch invasive Arten, wie der Signalkrebs. Die invasiven Arten in den Flüssen führen zu einem ernstzunehmenden Problem, was schwierig ist. Flüsse gehören zu den artenreichsten Ökosystemen und erfüllen für den Menschen wichtige Aufgaben, beispielsweise als Trinkwasserreservoir.

In letzter Zeit ist aber ein neues Problem hinzugekommen und das heißt: "Mikroplastik". Kleinste, oft mit den Augen, manchmal nicht wahrnehmbare Plastikteilchen, schwimmen in gewaltigen Mengen in den Flüssen und Meeren und werden von Fischen und Vögeln sowie anderen Meeres- und Flusstieren, als Nahrung aufgenommen, und wandern, wenn es sich um Fische handelt, in die Nahrungskette des Menschen.

Sie können dagegen wirksam etwas tun, wenn Sie sich entscheiden, keine Körperpflegeprodukte mehr zu kaufen, die thermoplastische Inhaltsstoffe Polyethylen (PE) oder Polypropylen (PP) oder andere Kunststoffe enthalten. Machen Sie Druck, indem Sie die Produkthersteller dazu auffordern, Mikroplastik aus ihren Produkten zu nehmen. Mikro-Kunststoffpartikel werden Alltagsprodukten wie Zahnpasta, Duschgel oder Peeling Mittel zugesetzt, um einen mechanischen Reinigungseffekt zu erzielen.

Bei manchen Produkten beträgt der Anteil der Plastikkügelchen am Gesamtinhalt bis zu zehn Prozent.

Immer ist es der Mensch, der für den Artenrückgang und das Aussterben der Arten verantwortlich ist. Und es ist auch der Mensch, der dann wieder Bemühungen anstellt, die Arten wieder neu anzusiedeln. Und deswegen ist es doch notwendig, gleich von vorn hinein, geeignete Maßnahmen zu ergreifen, die die Artenbestände sichern und dauerhaft erhalten.

Die Saprobien, jene kleinen, nützlichen Wasserpolizisten, die für die biologische Selbstreinigung der Flüsse sorgen, sind durch gezielte technische Maßnahmen, wieder in den Stand versetzt worden, für eine gute Wasserqualität zu sorgen. Eine gute Wasserqualität ist Bedingung für menschliches Leben am Fluss und dient der Gesundheitsvorsorge.

Einen Wermutstropfen gibt es indes.

Da der Plastikmüll leider zunehmend in den Flüssen und Meeren anzutreffen ist und durch die Zerreibung zu Mikroplastik Abfall wird, den die Fische und Wasservögeln als Nahrung aufnehmen, muss schnell etwas geschehen.

Hier besteht vonseiten der Politik, dringender Handlungsbedarf, um die Flüsse und Meere nicht weiter zuzumüllen. Solange die Plastiktüten nichts kosten und unentgeltlich überall angeboten werden, wird sich an den Plastikbergen wohl kaum etwas ändern. Auch hier könnten die Verbraucher viel tun und einfach mal auf die Plastiktüten verzichten.

Die Flüsse geben und gaben den Menschen Brot und Arbeit und ihr Gabentisch scheint unbegrenzt, von daher haben die Flüsse und Meere mehr Respekt verdient. Man denke nur an die

Überfischung der Meere.

Der Fluss war und ist bis zum heutigen Tage, der natürliche Arbeitgeber vieler Menschen. Man denke beispielsweise, an die Fischer, die Fährleute, die Wirts- und Schankleute, die Müller, Färber, Gerber, Kalkbrenner, Schiffsbauer, Schleifer, die Landwirte, die Brückenbauer und alle, die direkt und indirekt vom Fluss leben und eine Symbiose mit ihm bilden. Und dass darf bei Betrachtung nichtvergessen werden, sind die Flüsse Süßwasserspeicher und Lieferant. Heute zieht es mehr die Industrie an die Flüsse, um einen Transportweg zur Verfügung zu haben. Dies alles macht den Fluss und die Flüsse in ihrer Gesamtheit besonders schützenswert. Ohne Fluss kein Mensch.

Es gilt, den Fluss, als natürliche Lebensader für den Menschen und für nachfolgende Generationen unbedingt zu schützen und zu erhalten.

Hierzu sind allerdings große Anstrengungen, aller politischen Kräfte sowie jedes Einzelnen erforderlich, um unsere Flüsse nachhaltig zu erhalten und ein Leben am Fluss dauerhaft zu garantieren und wünschenswert zu gestalten. Es ist kein Geheimnis, dass wir in den letzten Jahren, zunehmend mit sogenannten Jahrhundertfluten zu tun hatten.

Solche Fluten, die früher in der Tat etwa alle einhundert Jahre vorkamen, treten nun in sehr kurzen Zeitabständen auf. Das muss uns sehr zu denken geben. Flüsse gab es bereits, bevor des Menschen gab, und es wird wahrscheinlich Flüsse geben, wenn es den Menschen nicht mehr gibt. Auch die Tornados, die man bisher bei uns nicht kannte, nehmen aufgrund der Klimaerwärmung zu. Dies ist ein deutliches Signal, das zum Nachdenken zwingt und zum handelt, auffordert.

Es geht hier nicht darum, ein Schreckensszenario an die Wand zu malen und Weltuntergangstimmung zu verbreiten, dennoch sollten wir auf diese Veränderungen unser ganzes Augenmerk richten und die Veränderungen erkennen, und ent-sprechend danach handeln. Wir haben nur diese eine Welt.

Wenn der Homo sapiens allerdings mit seinen Lebensgewohnheiten so weiter macht und sein Verhalten nicht schnell ändert, benötigen wir vier Erden, die es aber nicht gibt.

Der Homo sapiens, der für die anthropogenen Flutkatastrophen, nach Meinung vieler Wissenschaftler verantwortlich ist, ist dann auch

verantwortlich, das Ruder noch herumzureißen.
Der Homo sapiens verfügt zum Glück über die Intelligenz, dieser verheerenden Entwicklung wirksam gegen-zusteuern.

Kein Tier würde seine Existenz so fahrlässig aufs Spiel setzten, wie der moderne Mensch. Es ist in vielen Fällen irrational und nicht nachvollziehbar, wie der Mensch, mit der Natur umgeht. Um einen ernsthaften, dauerhaften Paradigma Wechsel und einen breiten Konsens, über die dringende Notwendigkeit, herbeizuführen, dass nun die „Rote Linie" erreicht ist, ist es natürlich erforderlich, dass sich jeder über die Situation im Klaren ist und daraus die notwendigen Schlussfolgerungen zieht.

Wer nicht einsehen will und seine Augen vor den Realitäten verschließt und Vogelstraußpolitik betreibt, wird schwerlich etwas für den Bestand der Flüsse und der Natur insgesamt beitragen können.

Es ist ein breiter Grundkonsens erforderlich.

Ein Grundkonsens aller, die zur Kenntnis genommen haben, dass es die Erde nur einmal gibt, und keiner ein Recht an ihr hat. Auch nicht, mit unserer Erde nach Belieben verfahren zu können. Die Erde gehört uns allen. Wir haben sie nur für nachfolgende Generationen zu verwalten. Wir müssen die vitale Natürlichkeit der Flüsse unbedingt erhalten.

Konkret müssen wir uns fragen, ob es nicht nur wegen der Überflutungsgefahr, sinnvoll und ratsam wäre, den Flüssen wieder ihren ursprünglichen Raum zurückzugeben, und sie nicht, wie in einem Korsett einzuengen.

Um neues, vielfältiges und artenreiches Leben entstehen zu lassen, um damit das Leben am Fluss in seiner biologischen Vielfalt, zu neuem Leben erwecken und zu erhalten.

Die natürlichen Prallhänge mit den Erdböschungen sollten soweit möglich erhalten bleiben, um den farbenprächtigen Eisvogel, einen Lebensraum für ihre Erdröhren zu schaffen.

Erst sterben die Tiere und dann die Menschen.
Soweit darf es nicht kommen. Geben wir den Flüssen, dort wo es möglich ist, ihren Lebensraum zurück und zwängen sie nicht in ein Korsett, was ihnen die Luft zum Atmen nimmt. Der Fluss benötigt Sauerstoff, zum Atmen, sonst stirbt er biologisch.

Schaffen wir natürliche Überschwemmungsgebiete und Ausgleichspolder. Das ist natürlich und schützt den Menschen vor der Zerstörung von Hab und Gut. Die jüngsten Überschwemmungen haben uns wieder mal drastisch vor Augen geführt, dass sich die Flüsse den Raum nehmen, den die Menschen ihnen weggenommen haben.

Falsch wäre es, zu träumen, obwohl man an den

Flüssen gut träumen und seine Seele baumeln lassen kann. Wir müssen die Dinge in die Hand nehmen und die Probleme nicht auf die nächsten Generationen abwälzen.

Die Wasserqualität, dies kann man allgemein feststellen, hat sich in den letzten Jahren kontinuierlich verbessert, sodass das Flusswasser als Trinkwasserdargebot, dem Menschen zur Verfügung stehen und damit das Leben am Fluss – ein Leben am Fluss, auch für die Zukunft gewährleistet werden kann. Es gilt, diesen kostbaren Schatz dauerhaft zu erhalten.

Der Fluss als Handels- und Umschlagplatz hat in unserer Volkswirtschaft, eine herausgehobene Bedeutung und ist somit Geldbringer und Einnahmequelle für viele Menschen, die am Fluss leben und von ihm leben.

Versiegt die Stromquelle, versiegt die Geldquelle und damit versiegt das Leben.

Man befürchtet, dass die Spree bald nicht mehr genügend Wasser führt. Das wäre für den Spreewald und seinem Tourismus eine Katastrophe. Bisher wurde das Grubenwasser vom Braunkohletagebau, in die Spree gepumpt. Da aber keine Braunkohle mehr abgebaut wird, wird auch kein Grubenwasser mehr in die Spree *eingepumpt. Nun möchte man Wasser aus der Elbe in die Spree über eine Pipeline in die Spree pumpen.*

Aber dieses Vorhaben könnte daran scheitern, dass die Elbe in den letzten Jahren auch sehr wenig Wasser führte und die Schifffahrt zum Teil eingestellt werden musste.

Wenn sich hier bereits ein Trend abzeichnet, der unumkehrbar ist, werden weitere, große Herausforderungen auf uns warten, beispielsweise beim Uferfiltrat, mit der Methode Trinkwasser aus den Flüssen herausgefiltert wird.

Aber auch die Schifffahrt, die Wirtschaft und die Ökosysteme werden darunter massiv leiden und der Artenrückgang wird sich beschleunigen.

„Alles fließt!"

Um ein Leben am Fluss, möglichst schadensfrei leben zu können, müssen wir, - von Ort zu Ort unterschiedlich, - auch die Siedlungspolitik auf den Prüfstein stellen.

Wenn es so kommt, wie viele erstzunehmende Wissenschaftler prognostizieren, dann werden wir in Zukunft, insbesondere im Winter mit sehr starken Regenfällen zu rechnen haben, dann sind gewaltige Überschwemmungen vorprogrammiert. Zumal die Flächen- und Bodenversiegelungen unvermindert weiter gehen, und das Regenwasser es immer schwerer hat zu versickern und zu schnell und unkontrolliert abfließt.

Es wird feuchte, niederschlagskräftige Winter geben. Darauf müssen wir uns einstellen. Das Leben am Fluss wird dann unattraktiv, wenn sich der Fluss, aus einer Zwangslage heraus, weil er eingezwängt ist, als Feind erweist. Diese Feindschaft wird ihm vom Menschen aufgezwungen. Und wenn der Fluss sprechen könnte, würde er uns sagen, was wir noch alles zu tun hätten, um ihn wieder freundlich zu stimmen. Es ist alles im Fluss, kein Stillstand, ständige Erneuerung, fortschreitend und suchend. Offen, unabgeschlossen frei und unbestimmbar, das Leben am Fluss. Der Fluss ist grundsätzlich der Freund des Menschen und öffnet bereit-willig sein Füllhorn.

Er wehrt sich nur, wenn man ihm vorher wehgetan hat. Wir dürfen diese Freundschaft, nicht leichtsinnig aufs Spiel setzten, und den Fluss als unseren Freund begreifen.

So ist das urbane, dynamische Leben am Fluss, ein hohes, schützenswertes, ideelles Gut. Was ist uns ein Fluss wert? Was ist er uns Menschen wert. Naturgüter lassen sich nicht in Euro bemessen. Sie haben keinen monetären Preis. Doch zahlen wir einen hohen Preis, wenn sie zerstört sind. Einmal zerstört können sie nicht wieder erbracht werden. Einen solchen Verlust kann man nicht mit Geld ausgleichen. Die Lücke bleibt bestehen. Und es scheint so: Je reicher die Menschen werden, umso ärmer wird die Natur.

Was fangen die Menschen auf Dauer mit ihrem Reichtum, er nützt ihnen nichts. Der individuelle Reichtum der Menschheit an der Natur und hier insbesondere der Reichtum an den Flüssen sind sumerisch nicht erfass-bar. Ein Fluss wird nicht an der Börse gehandelt, obwohl er für viele Menschen Dividende und Wohlstand bringt.

Ist das der Grund für die Zerstörung, weil der Wert eines Flusses für uns keine Rolle spielt. Empfinden wir nur das als schützenswert, was wir wert-mäßig, taxieren und monetär abschätzen können. Warum zerstören wir unsere eigenen Lebensgrundlagen. Weil wir nicht, wissen, was wir zerstören. Wir uns über die Trag-weite unseres irrationalen Handelns, nichts bewusst sind. Die Natur und hier die Flüsse, dürfen bei der Wichtigkeitsrangfolge und der Wertschätzung, also in der individuellen Bewertungsskala des Menschen, den materiellen Gütern nicht nachstehen. Wenn der Verlust ideeller Güter, den Verlust materieller Güter gleichgestellt wird, wird sich auch weiterhin pulsierendes Leben am Fluss weiter fort-entwickeln.

Wie müssen, unseren Kindern den Wert der Naturgüter klar und verständlich machen und das mit den Flüssen auch die Menschen sterben. Wir dürfen diese elementaren, substanziellen Themen, die die Menschheit in ihrer Gesamtheit betreffen, nicht ausklammern und dürfen uns nicht drücken, auch unangenehme Themen anzusprechen.

Die Kinder und die Jugendlichen verstehen die kausalen Zusammenhänge, die mit ihrer Zukunft verbunden sind, sehr gut. Und sie wollen die Wahrheit erfahren, um später entsprechend handeln zu können.

Wenn Sie zu entscheiden hätten, wäre es um unseren Globus besser bestellt, deshalb sollten sie auch mehr Mitspracherecht haben.

Es geht nicht, darum Schreckensszenarien aufzubauen, aber darum, den Kindern sachlich und fundiert, verständlich zu machen, was Wasser, sauberes Wasser und Trinkwasser eigentlich bedeutet.

Und es darf auch daran erinnert werden, dass viele Menschen, obwohl darauf ein Grundrecht besteht, kein sauberes Trinkwasser in ausreichender Menge zur Verfügung steht. Trinkwasser ist Lebensmittel und damit Leben selbst.

Vielerorts, insbesondere in Afrika besteht eine besorgniserregende Wasserkrise, dies macht der Weltwasserbericht von 2018 dramatisch deutlich. Dieser Zustand wird sich noch verstärken, weil die Menschen immer mehr Wasser zum Überleben benötigen.

Es gilt, die natürlichen Ressourcen nachhaltig zu sichern und dafür zu sorgen, dass die natürlichen Lebensgrundlagen erhalten und möglichst gerecht verteilt werden. Und es gilt ganz besonders, die Süßwasser -Flora- und Fauna nachhaltig zu schützen und zu erhalten.

Das Leben am Fluss darf nicht zur Einbahn-straße der Reichen werden. Flüsse sind Allgemeingut und alle Menschen haben grundsätzlich das gleiche Recht, aus dem Fluss Nutzen zu ziehen. Das Allgemeingut Fluss reflektiert auch Allgemeinverantwortung. Jeder ist aufgerufen, sich verantwortlich einzubringen, um das Leben am Fluss weiter zu garantieren.

Gottlob hat die Kraft des Wassers auch positive Eigenschaften, beispielsweise in Form der Wasserkraft die Mühlen und Hammerwerke angetrieben hat. Die uns auch heute saubere, regenerative Energien fast unerschöpflich zur Verfügung stellen.

Auch wenn die Getreide – und Ölmühlen, heute fast nur noch nostalgische Bedeutung haben, sind sie doch wertvolle Relikte, einer vergangenen Epoche. Und man erinnert sich und denkt nach und versteht den Wandel.

Genau um diese positiven Denkanstöße geht es, um zu verstehen, dass alles im Wandel, alles im Fluss und in der steten Bewegung ist.

So wie eben der Fluss selbst.

............,,Walle! Walle
Manche Strecke,
Dass, zum Zwecke,
Wasser fließe.........

Die Beobachtung der Dynamik des Flusses, der gleitenden Kraft und Stille, spendet dem hektischen, zeitgetriebenen Menschen, Ruhe und Entspannung und somit Erholung, festigt und stärkt Gesundheit und Seele. Und macht die

Menschen glücklich. Wir schöpfen Leben und Inspiration beim Leben am Fluss. Wenn man sich dies alles, dramatisch und allgegenwärtig vor Augen führt, und die Qualitäten, unserer Flüsse zu schätzen weiß, ist es rational nicht nachvollziehbar, warum man den guten Freund des Menschen, so viel Schlimmes antut und ihn so schlecht behandelt!

Das ist doch eigentlich nicht nachvollzieh bar. Das trifft insbesondere auf die Länder zu, die ein religiöses Verhältnis zu ihren Flüssen haben. Der Fluss als natürliches Naturelement ist von Natur friedlich. Der Mensch selbst macht ihn zum Raubtier mit großer zerstörerischer Kraft.

Stimmen wir die Flüsse wieder friedlich und geben ihnen mehr Freiraum, dann wird das Leben am Fluss, weiterhin eine Freude sein.

Fluss

Er prallt und gleitet.
Immer fortschreitet.
Er fließt und steht.
Wartet und geht.

Mal dynamisch als Welle.

Dann langsam auf der Stelle.

Mal durch eine Enge.

Dann breit ohne Zwänge.

Manchmal durch Kerb oder Trog.

Durch die er seine Fluten bog.

Dann wieder flach, nun wieder sehr tief.

Manchmal gerade, dann wieder schief.

Behutsam langsam, dann wieder schnell.
Niemals tretend auf der stell.

Sollte ich eines Tages nicht mehr sein.

Wird fließen immer noch der Rhein.

Will ich mich verneigen.

Meine Ehrfurcht zeigen.

Fließe weiter, du lieber Fluss.

Sende dir einen lieben Gruß.

Wünsche mir, dass du noch lange bestehst.

Niemals du zu Ende gehst.

Es gilt, die wichtigen Lebensräume der Flüsse, die Flüsse als Raum benötigen dauerhaft für nachfolgende Generationen zu erhalten. Das ist unsere Verpflichtung. Flüsse gehören einfach zum Menschen.

Nun zu einem weiteren, wichtigen Thema, es geht

um Ambrosia.

Diese Abhandlung „Ambrosia", streift die griechische Mythologie und schildert ferner die Auswirkungen und Beeinträchtigungen der Ambrosia Pflanze auf die Menschen. Wer ausführlicher über dieses Thema informiert werden möchte, kann in meinem Buch „Ambrosia" bei Amazon ISBN:9781980922513 nachlesen.

3. Ambrosia

Der Versuch einer Begriffserklärung und ein wenig Umweltinformationen

1. *Mythologie und Etymologie*

Dem Wort „Ambrosia" kommt mannigfache Bedeutung zu. Ambrosia spannt den Bogen von der Antike bis in unsere Zeit.
Zunächst einmal steht Ambrosia, aus dem griechischen abgeleitet, für Speise der Götter, in der griechischen Mythologie. Nach den allgemeingültigen Regeln der Etymologie kann das Wort Ambrosia, im Sinne von: dem Unsterblichen gehörig, unsterblich machend, unsterblich sein, als ambrosisch, verstanden werden.
Der Begriff Ambrosia wird in der römischen, wie auch in der nordischen Mythologie verwendet.
Auch in der indischen Mythologie ist das Wort bekannt. Das Wort Ambrosia, in seiner femininen Form, als „die" Ambrosia ausgedrückt wird.
In die Ilias, dem Heldengedicht und in der Sage Odyssee von Homer, kommt Ambrosia als die unsterblich machende Speise der Götter vor. Ambrosia die Götterspeise, welche die ewige Jugend Unsterblichkeit gewährte. Gewöhnlichen Menschen wird diese Zauberspeise jedoch vorenthalten.
Dies wird in der Kirke- Episode deutlich. Während der Göttin Nektar und Ambrosia gereicht wird,

bekommt Odysseus nur, „was Sterbliche Menschen" essen.

Ambrosia war ausschließlich den Göttern vorbehalten.

Und Benjamin Hederich schreibt in seinem „gründlichen mythologischem Lexikon, Leipzig 1770, unteranderen folgendes: "Ja alles, was vortrefflich und göttlich zu seyn schien, wurde Ambrosia genannt.

"Ambrosia ist somit als Sammelbegriff, für alles zu verstehen, was göttlich ist und unsterblich macht. Vielleicht ist das auch der Grund für die Vielschichtigkeit des Begriffs Ambrosia. Und auch Karl Friedrich Wander, Deutsches Sprichwörter Lexikon, Band 2, Leipzig 1870 „ist Ambrosia die wahre Götterspeise", und zwar einen wohlschmeckenden, kostbaren, vorzüglicheren Trank, den man Göttertrank nennt".

Und nach Karl Ernst Georges ist Ambrosia „die unsterblich machende Götterspeise so wie Nektar der Göttertrank." Der Brockhaus führt dazu aus: „Nektar der griechische Name des balsamischen, süßen Tranks der Götter und Ambrosia oder Götterspeise."

Aber nicht nur die griechischen und römischen Götter lieben Ambrosia, sondern auch beispielsweise Iduna, die Jugendgöttin der nordischen Mythologie, kannte offensichtlich auch Ambrosia. Und man darf sich wundern, woher sie ohne Fernseher, Telefon und Zeitung, in der damaligen Zeit etwas über die Ambrosia der alten Griechen wusste, die doch entlegen lebten."

Das Damen Konversation Lexikon, Band 5, 1835, Seite 397 für dazu folgendes aus:" Iduna die Jugendgöttin der nordischen Mythologie, die Gemahlin des Dichtergottes Braga, in ewiger Jugendschöne blühend, gleich einer griechischen Hebe, wie diese den Göttern den verjüngenden, den himmlischen Nektar bietet, so reicht Iduna den Arsen Äpfel des unvergänglichen Lebens.
Endlich erfahren wir nun etwas genauer, was mit Ambrosia gemeint sein könnte. Hier sind es Äpfel des unvergänglichen Lebens. In der nordischen Mythologie hatten also Äpfel die ambrosische Wirkung. Man wüsste doch wohl gern, was das für Äpfel gewesen sein mögen.
Was muss das doch für eine herrliche Zeit gewesen sein, wo es tatsächlich unsterblich machende Allheilmittel und Antifaltenmittel gab, die zugleich vor der vernichtenden Wirkung des Feuers, wie auch vor unangenehmen Geruch schützten, wie wir noch sehen werden. Ein Zaubermittel also. Leider

sind keinen Rezepturen überliefert und wir wissen nicht, aus welchen Zutaten, dieser wohlschmeckende, vorzügliche Trank gemixt wurde und aus welchen hautglättenden und feuerbeständigen Stoffen diese Wundersalben bestanden.

Aber warum sollte uns heute Ambrosia zuteilwerden.

Haben wir es verdient, wie Götter behandelt zu werden.

Wenn wir unsterblich auf Erden wären, müssten wir, die Zerstörung der Erde durch den Homo sapiens hautnah miterleben, die nicht mehr ewig dauert. Das wäre nicht erstrebenswert. Unter Götterspeise der heutigen Zeit versteht man indes ganz etwas Anderes. Götterspeise auch Wackelpudding ist eine Süßspeise aus Gelatine oder anderen Geliermitteln, Zucker, Aroma und Farbstoffen in verschiedenen Geschmacksrichtungen, insbesondere von einer Firma, die zwar keine ambrosischen, sondern eher gesundheitsschädliche Wirkungen aufweist und an, die die besagte Firma göttlich verdient hat.

Wir hätten wohl gern die Ambrosia der Götter; die Götter unseren Wackelpeter wohl eher nicht.

Ambrosia fand aber nicht nur Verwendung als Götterspeise oder Trank, sondern Ambrosia wurde auch als Öl und als Salbe zur Einbalsamierung von Toten und zur Hautpflege verwendet. Damit erhöht sich der Anwendungsbereich von Ambrosia. Die süßduftende Salbe sollte auf der einen Seite, die Schönheit des Körpers erhöhen und auf der anderen Seite vor Fäulnis und Zerfall schützen. Offensichtlich ein wunderbares Universalmittel, mit vielfältigen Anwendungsmöglichkeiten.

Dieses Salbungsritual hat Homer im Epos Ilias für die Nachwelt festgehalten.

Zeus befiehlt dem Apollon den Leichnam des Sarpedon, den Sohn der Loadamea, einer Tochter des Bellarphon und des Zeus zu salben. Apollon der in

Personalunion, Gott des Lichts, der Heilung, des Frühlings, der sittlichen Reinheit und Mäßigung, sowie der Weissagung, der Künste, der Musik, des Gesangs und der Gott der Bogenschützen waren, sollte hier seine Eigenschaften als Heiler einbringen.

Sarpedon Heerführer der Lykier wird im trojanischen Krieg getötet: „Und salbte ihn mit Ambrosia.", steht im Epos Ilias geschrieben. Und auch Achilles oder Achilleus, ein fast unverwundbarer Heros der Griechen, sollte als Sohn des Peleus und der Meernymphe Thetis

unverwundbar sein, kam mit Ambrosia in Berührung. Seine Mutter tauchte ihn zu diesem Zweck in den Unterweltfluss Styk, um ihn unverwundbar zu machen. Seine Ferse jedoch an den Thetis ihren Sohn festhielt, wurde nicht eingetaucht und blieb somit verwundbar.
Dieser neuralgischen Stelle galt nun der besonderen Aufmerksamkeit und sie wurde mit Ambrosia und dem göttlichen Nektar behandelt. Leider nutze diese Prozedur aber nichts. Achilles fand seinen Tod durch einen Pfeil des Paris, der ihn an der verwundbaren Ferse traf.
Johann Balthasar Probst, hat dies in einem Bild festgehalten, wie Thetis ihren Sohn mit Ambrosia ölt.
Da die Wundermixtur Ambrosia auch dem Feuer standhalten sollte, wie Thetis glaube, bestrich sie Achillis mit Ambrosia. Um welche Art Ambrosia es hier tatsächlich handelte, wird klar werden, wenn wir später zur „Ambrosia artemisifolia" kommen. Es gibt weitere bildliche Darstellungen, die Szenen festgehalten haben, wo die Ambrosia eine Rolle spielt, etwa wie Ganymedes den Sohn des Tros, dem Adler eine Schale mit Ambrosia reicht.
Ambrosia diente im Altertum auch als wohlriechende Flüssigkeit. Eidothea die

Meeresgöttin überdeckte mit der wohlriechenden Flüssigkeit, den Trangeruch der Robben. Im vierten Gesang in der Odyssee heißt es unteranderen:" Denn sie stricht uns alle Ambrosia unter den Nasen. "Dessen lieblicher Duft des Tranes Gerüche vertilgte."

Auch Vergil, eigentlich Publius Vergilus erwähnt in die Georgica-Gedichte vom Landbau ein Lehrgedicht in vier Büchern ebenfalls Ambrosia:
„Sprachs und verbreitete den erquickenden Ambrosiaduft.
Ferner diente Ambrosia den Pferden der Götter als Nahrung.
Dies wird auch im Epos Ilias deutlich, wo es heißt: der Fluss Simois in der Ebene von Troja, lasse Ambrosia als Weide für die Pferde wachsen. Der Fluss ließ Ambrosia aufsprießen als Weide. Die Pferde des römischen Sonnengottes wurden mit Ambrosia gefüttert auf einer Weide, die in westlicher Richtung lag."
Auch der römische Dichter Ovid, eigentlich Publius Ovidius Naso schrieb in den Verwandlungsgeschichten aus der antiken Welt (Metamorphosen) unteranderen:" In der

*westlichen Gegend liegt die Weide der Rösser des Sonnengottes. Ambrosia dient ihnen zum Futter statt Gras. Sie nährt ihre vom tagelangen Dienst müden Glieder und kräftig sie für ihre Arbeit."
Das Futter ist hier also kein Gras, sondern etwas Anderes, was Ovid mit Ambrosia bezeichnet. Auf diese interessante und richtungsweisende Feststellung wird einzugehen sein.
Auch Platon schreibt in seinem Dialog Phaidros:" Wenn sie aber ankommen, stellt der Wagenlenker die Rösser an die Krippe, wirft ihnen Ambrosia vor und tränkt sie dazu mit Nektar."
Die Pferde des Sonnengottes durften Ambrosia fressen, ein Sterblicher hingegen nicht. Und vielleicht hätte dieses Futter, was ja kein Gras war, den Sterblichen überhaupt nicht bekommen?
Der griechische Rhetor und Grammatiker Athenaios schreibt in seinem Hauptwerk" Deipnosophistai", was auf Deutsch:" Gastmahl der Gelehrten", heißt:" Das die Ambrosia aus reinem Wasser, Olivenöl und einer Früchtezusammenstellung gemixt worden sei."
Das lässt nun wieder auf den Trank schließen.
Und Catull, eigentlich Valerius Catullis römischer Dichter schreibt in seinem Gedichtband unteranderen folgendes: "suaviolum dulci dulcius*

Ambrosia", "Küsschen süßer als süße Ambrosia. Da wird man doch richtig neugierig.

Auch Zeus labte sich natürlich an Ambrosia. Nach der Überlieferung brachten wilde Tauben ihm den Trunk. Bei der Erziehung des Zeus auf Kreta holten wilden Tauben Ambrosia vom Westocean. (Pieres Universal Lexikon, Band 17, Altenburg 1863, Seite 278-283). Leider ist nicht genau beschrieben, wo im Westocean genau die Ambrosia zu finden war.

Aber auch die anderen Lieblinge der Götter, beispielsweise Tantalus dem König von Phrygien, Sohn des Zeus und der Pluto, Vater des Pelops und der Niobe und dem Aeneas wurden die Ehre zuteil, sich an Ambrosia laben zu können. Tantalus, der Stammvater der Tandaliden, soll von der Tafel der Götter, Ambrosia gestohlen haben und gab es seinen guten Freunden.

Er stelle die Götter auf eine Probe, indem er den Göttern Fleisch seines eigenen Sohnes, zum Essen vorsetzte.

Für diesen Frevel wurde er von den Göttern hart bestraft. Er musste im Wasser stehen, konnte aber seinen Durst nicht stillen. Jedes Mal, wenn er den Kopf zum Wasser senkte, senkte sich auch der Wasserspiegel wie von Geisterhand. Sein Durst wurde immer größer. Auch die feinen Früchte, die ringsherum herum prall an den Bäumen herumhingen, konnte er nicht erlangen.

Tantalus, der Stammvater der Tantaliden, litt große Qualen, die in die Geschichte als Tantalusqualen eingegangen sind. Dies geht aus einem Lexikoneintrag zu Tantalus bei Benjamin Hederich gründliches mythologisches Lexikon, Leipzig 1770 hervor. Im 11. Ge-sang der Odyssee wird sein Leiden geschildert.
Und die Venus soll befohlen haben, Aeneas zu reinigen und das abzuwaschen, was an ihm Sterbliches gewesen sei, worauf sie ihn mit Nektar und Ambrosia bestrichen und also vollends zu einem
Gotte gemacht haben."
Auch dies geht aus einem Lexikoneintrag bei Hederich hervor. Und wir erfahren, dass Amalthea, eine griechische Nymphe, die Tochter des Melis-sus, die eine Ziege besaß, die Jupiter nährte und aus, deren Hörner Nektar und Ambrosia geflossen sei.
Demeter die Mutter der Erde, und uralte griechische Göttin des Ackerbaus' und der Fruchtbarkeit pflegte Demophon, den Sohn des Königs Keleos und wollte demselben unsterblich

machen, indem sie ihn mit Ambrosia pflegte.
Und bei Amor, dem Sinnbild der Liebe und der Psyche dem Sinnbild der Seele, kann man unteranderen folgendes nachlesen: „Er reicht ihr den Becher mit Ambrosia, sie trinkt und wird unter die Unsterblichen erhoben."
Das heißt, die Seele wird durch Ambrosia unsterblich!
Es gibt zahlreiche weitere Stellen in der Mythologie, wo Ambrosia erwähnt wird, die sich aber allesamt mit den oben beschriebenen Bedeutungen befassen. Entweder handelt es um Futter für die göttlichen Rösser, um eine Wundersalbe, einer wohlriechenden Flüssigkeit, um eine Speise, die göttlich also unsterblich macht oder um ein Feuerschutzmittel. Um diese Eigenschaften geht es. Es wird auch angeführt, dass die Ambrosia auch bei Vergiftungen eingesetzt wurde. Immer geht es um etwas Außergewöhnliches, was besonders bedeutsam und wichtig war.
Die Menschen der heutigen Zeit brauchen keine Ambrosia, die unsterblich macht. Sie brauchen nur eine, die sie ein Leben lang ernährt, das wäre schon genug. Aber eine solche alle satt machende Ambrosia gibt es leider nicht. Die Realitäten

unserer Zeit, in der eine „Ambrosia" wichtiger denn je wäre, bieten keinen Raum dafür.
Ja alles, was vortrefflich und göttlich schien, wurde Ambrosia genannt.
Später gaben die ersten Ärzte den verschiedenen Lebenselixieren und Schönheitsmittel ebenfalls den Namen Ambrosia. Und auch die Kunst und die Literatur beschäftigte sich natürlich sehr umfangreich mit Ambrosia.
Goethe hat beispielsweise in einem Brief an Charlotte von Stein, Ambrosia erwähnt und Bettina von Armin schrieb einen Briefroman, mit dem Titel: "Ilius Pamphilius und die Ambrosia."
Darüber hinaus gibt es weitere Begriffe, die sich mit Ambrosia beschäftigen. So ist Ambrosia auch die Tochter des Atlas in Gestalt einer Hyade oder Nymphe.
Ambrosia, in welcher Form auch immer, diente auch den griechischen Athleten, zur Vorbereitung auf die Olympischen Spiele der Antike. Heute würden man wohl davon sprechen, dass die Sportler gedopt waren. Auch werden heute Pollen - Ade Fleurs als Nahrungsergänzung in verschiedenen Formen angeboten, so ähnlich wie sie die Sportler der Antike zu schätzen wussten. Es auch gibt Hinweise, dass Extrakte des gemeinen

Fliegenpilzes, beziehungsweise mit Fliegenpilz vermischte Weine, als göttlicher Trank, als Ambrosia in der Antike, bei ausschweifenden Orgien, wegen ihrer berauschenden Wirkung getrunken wurden.

Auch die Zuckererbse, die als Kefe in der Mythologie bekannt war und die damals schon angebaut wurde, wurde wegen ihres süßen und lieblichen Geschmacks als Ambrosia bezeichnet.

Darüber hinaus gibt es mit Sicherheit gewiss, weitere Begriffe die sich auf „die Ambrosia", beziehen, wobei oft nicht klar wird, was konkret damit gemeint sein könnte.

Der vielschichtige und vieldeutige Begriff „Ambrosia", kann hier abschließend, nicht in allen Facetten erfasst werden und soll einen allgemeinen Überblick geben.

Gehen wir in der Geschichte nun einen großen Schritt weiter und kommen zur Neuzeit.

2. *Neuzeit*

Wenn wir nun, ohne Mühe einen großen Sprung in unsere Zeit hinein vollziehen, dann ist Ambrosia auch ein Bienenfutter, was als Ergänzungsfutter, den Bienen gereicht wird und den natürlichen Bienenfutter sehr ähnelt. Es wird als Winterfutter, den Wirtschaftsvölkern zur Verfügung gestellt. Diese Bienenspeise ist süß, genau wie die Ambrosia in der Mythologie, enthält lebensnotwendige Vitamine für die fleißigen Nutztiere, macht aber leider nicht unsterblich und schützt die Bienen leider nicht gegen die aggressive und todbringende Varroamilbe (Varroa destructor).

Diese Ambrosia kann die Bienen nähren, aber nicht schützten. Leider ist gegen den rätselhaften Tod ganzer Bienenvölker, noch kein Mittel gefunden worden.

Jedoch wird es hochspannend und ließ die Imker weltweit aufhorchen, denn zum ersten Mal wurde in Amerika, einer Bienenkönigin, eine Schluckimpfung verabreicht. Anders als bei Wirbeltieren, können Insekten keine Antikörper bilden, wenn sie mit Krankheitserregern in Berührung kommen. Deshalb wird in diese Impfung große Hoffnung gesetzt. Aber was einst den Göttern als Nahrung diente, bekommen heute

in ähnlicher Weise, Wirtschaftstiere, die selbst wieder eine Ambrosia produzieren, die Honig heißt und somit wieder einen Naturnektar produzieren.
Und so langsam scheint es den Menschen auch zu dämmern, dass die Bienen unbedingt gerettet werden müssen.
Auch andere Tiere nähren sich von Ambrosia.

Edmund Reiter, führt in seinem Buch Fauna Germanica. Käfer des Deutschen Reiches, unteranderen folgendes aus:" Dass sich die Brut der Käfer der Gattung Heteroborips von Ambrosia (hier ist der Baumsaft gemeint), nähren."

Ambrosia ist aber der Name für einen Asteroiden, mit der Ordnungszahl 193 im Hauptgürtel. Entdeckt wurde dieser Asteroid am 28. Februar 1879 durch Jerome Eugene Coggia. Der Asteroid Ambrosia hat einen Durchmesser von 49 Kilometer. Es gab auch einen ambrosianischen Staat, die
„Aurea Repubblica Ambrosiana", in Italien von 1447-1450.
Die Republik bestand nur drei Jahre. Dennoch ist es interessant, einmal etwas genauer hinzuschauen

und es ist doch erstaunlich, was in diesem kleinen Staat in nur drei Jahren geschaffen wurde.

Man nannte sich wohl deshalb ambrosianische Republik, weil man in diesem Wort, Freiheit und Unsterblichkeit erblickte. Man wollte etwas Besonderes zum Ausdruck bringen, man wollte ambrosisch, also unsterblich und frei sein, weil die Bevölkerung unter der Herrschaft der Herzöge von Mailand sehr litt, war der Freiheitsdrang besonders ausgeprägt.

Nach dem Aussterben des Visconti-Geschlechts in Mailand, riefen die Mailänder noch am Todestag von Visconti, dem letzten Herzog von Mailand, am 14. August 1447, die „Ambrosianische Republik" aus.

Die Herzöge aus dem Geschlecht der Visconti galten allesamt, als grausam und die Bevölkerung atmete, auf, als endlich der letzte Herzog gestorben war. Die Bevölkerung wollte solche Herrscher nicht mehr. Die Sehnsucht, nach einem Tyrannei-freien Neubeginn, war tief in der Bevölkerung verwurzelt.

Francesco I. Sforza diente dem letzten Herzog Visconti. Er heirate, dessen Tochter und übernahm nach dessen Tod als Herzog in Mailand das Kommando. Da sich die Bevölkerung nun endlich und endgültig von der Knechtschaft der Visconti befreien wollte, kam es in vielen Städten zu kriegerischen Auseinandersetzungen, die vier Jahre dauerten und im Frieden von endeten. Francesco I. Sforza hatte die nur kurzwährende Ambrosianische Republik unterworfen und zog triumphal als Herzog von Mailand in die Stadt ein. Damit endete 1450 die ambrosianische Republik. Wenn wird das Wort Ambrosia, nach den drei Generischen Formen männlich, weiblich, sächlich betrachten und uns die männliche Form anschauen, dann kommen wir zu Ambrosius. Stellvertretend für alle die Ambrosius im Vor- oder Nachnamen führen, sei der hl. Ambrosius von Mailand erwähnt. Ambrosius von Mailand wurde 339 in Trier geboren und wurde zum Bischof gewählt. Der hl. Ambrosius war einer der vier lateinischen Kirchenlehrer der Spätantike. Er trägt den

Ehrentitel „Kirchenvater".

An der Stelle, wo er damals zusammen mit seiner Schwester, der hl. Marcellina, gelebt haben soll. Steht heute die Kirche Sant`Ambrogia della Massma. Und am 4. April ist Sankt Ambrosius und eine

Bauernregel besagt: "Am Sankt Ambrosius, man Zwiebeln sähen, muss." Und auch: "Ambrosius schneit (oft) den Bauern auf den Fuß." Im Zusammenhang mit dem Hl. Ambrosius, sind auch die ambrosianischen Hymnen, die sogenannte Hymnodie von Interesse.

Unter Hymnodie versteht man das Singen neu gedichteter Texte, und zwar zunächst meist Prosa, wie die große „Doxologie:"
Gloria in excelsis Deo", als gottesdienstliche Lobpreisungsformel und bezeichnet das feierliche Rühmen der Herrlichkeit Gottes. Die ersten Verse gehen auf den hl. Ambrosius, dem Bischof von Mailand und auf Hilarius von Poitiers zurück. Zu diesen berühmten ambrosianischen Gesängen gehörten natürlich als Symbiose auch die ambrosianischen Riten und die ambrosianische Liturgie, die die Ordensgemeinschaften der Ambrosianer, in den heiligen Messen praktizierten.

Die ambrosianischen Gesänge entstanden im 4. Jahrhundert, hauptsächlich in der Region um Mailand. Auch die lobpreisenden ambrosianischen Riten, sind bis heute hauptsächlich in der Kirchenprovinz von Mailand anzutreffen.

Es gab, aber nicht hat nur Ordensbrüder die den hl. Ambrosius, zu ihrem Schutzheiligen erkoren hatten, sondern auch Ambrosius-Schwestern, die als Ambrosianerinnen eigene Klöster unterhielten. Die Ambrosius-Schwestern trugen den Gleichen, brauen Habit, wie die Brüder. Der Orden ging 1540 unter.

Kommen wir nun in unsere Zeit. Ins Computerzeitalter, was ja auch „Anthropozän" genannt wird. Das Zeitalter der Menschenprägung.

Unter dem Namen Ambrosia ist auch eine amerikanische Musikgruppe bekannt und auch eine Apfelsorte heißt Ambrosia. Ob es sich dabei um die Apfelsorte handelte, die Iduna den Arsen, statt der lieblichen unsterblich machenden Götterspeise Ambrosia, die Äpfel des unvergänglichen Lebens zum Essen gab, wissen wir nicht. Auch eine Aprikosensorte ist unter dem Namen Ambrosia bekannt. Um den Sinn solcher Bezeichnungen für die Äpfel und Aprikosen zu ergründen kann wohl nicht auf die unsterblich machende Wirkung dieses Obstes, sondern wohl eher auf die Süße und den Genuss, dieser Produkte schließen.

Überhaupt ist es manchmal, nicht nachvollziehbar, warum Produkte den Namen „Ambrosia", führen und was damit gemeint sein könnte.

So werden auch Räucherstäbchen sowie zahlreiche andere Artikel Ambrosia genannt. Es gibt auch Ambrosia-Reis und bei verschiedenem anderem Nahrungsmittel wird auch das Wort Ambrosia verwendet. Offensichtlich haftet dem Wort bis in unsere Tage, immer noch der Mythos, des Göttlichen und Unsterblichen an.

In den USA gibt es mehrere geografische Bezeichnungen, die den Namen Ambrosia tragen. Ambrosia in Louisiana, Ambrosia in West Virginia, Ambrosia Lake, Ambrosia Mill in Arizona Ambrosia Creek Gewässer in Illinois, San Ambrosia Creek

Gewässer in Texas, Ambrosia Landing Field, Flughafen in Arizona, Ambrosia-Mine in New-Mexiko, Ambrosiapark in Oklahoma, u. s. w.

Ob diese ambrosianischen Namensgebungen, etwas mit Unsterblichkeit zu tun, haben oder warum die Menschen diese Bezeichnung gewählt haben, liegt im Dunkel. Vielleicht liegt hier die Sehnsucht des Menschen, nach dem Unsterblichen begründet. Es gibt aber noch ein weiteres Gebiet, das bisher noch erwähnt wurde und von dem in der Zwischenzeit, gute wissenschaftliche Erkenntnisse und Studien vorliegen. Es geht hier um eine Pflanze, und zwar um das Traubenkraut:

Ambrosia artemisifolio", einer Pflanze die aus Amerika, zu uns ein-geschleppt wurde und die als besonders Allergien auslösend gilt.

Auf dem internationalen Ambrosiatag am 23. Juni 2012, wurde auf die Gefahren durch die Ambrosia artemisifolio aufmerksam gemacht und ins Bewusstsein der Menschen gerückt, denn die aggressiven Pollen, können neben starken Allergien auch Asthma auslösen. Deshalb besteht eine besondere Notwendigkeit, eine weitere Ausbreitung der Pflanze zu verhindern.

Bereits im Jahr 1907 stand in Band 9 Meyers großes Konversationslexikon geschrieben: „Das die Ambrosia artemisifolio Heufieber und Heuasthma auslöst. Die Gefahren, die von durch diese Pflanze ausgehen, waren also schon sehr früh bekannt. Ärzte und Wissenschaftler warnen nun vor den Gefahren der Pflanze, und fordern geeignete Maßnahmen zu ergreifen, um eine weitere Ausbreitung der Pflanze zu verhindern. Die Pollen der Beifuß- Ambrosia gehören zu den stärksten Allergien Auslöser.

Da das Immunsystem bei vielen Menschen ohnehin schon, durch Krankheit und den Umweltbedingungen geschwächt ist, haben die

Pollen leichtes Spiel und können ihre Aggressivität, stark ausbreiten. Bereits ab sechs Pollen pro Kubikmeter Luft, reagieren empfindliche Menschen allergisch. Ab elf Pollen pro Kubikmeter Luft, wird bereits von einer starken Belastung gesprochen. Oft ahnen die Betroffenen nicht, dass ihre Beschwerden auf die Ambrosia artemisifolio, zurückzuführen, weil diese Neopyth, vielen Menschen noch nicht bekannt ist. Als Neophyt werden invasive Pflanzen benannt, die hier nicht heimisch waren, also auf irgendeine Weise hier eingewandert sind.

Da leider noch nicht alle Bundesländer die Pollendichte regelmäßig messen, ist in diesen Bundesländern auch noch nichts gegen die weitere Ausbreitung der Pflanze unternommen worden. In einigen Ländern besteht bereits eine Meldepflicht. Betroffene können in diesen Ländern die Pollendichte abrufen.

Die aggressiven Pollen werden mit Wind übertragen. Wissenschaftler rechnen mit zusätzlichen Gesundheitskosten von jährlich 190- 1,2 Milliarden Euro.

Die Ambrosia artemisifolio, im Plural Ambrosien ist ein beifußblättriges Traubenkraut auch BeifußAmbrosia oder aufrechte und hohe

Ambrosia genannt. Die Pflanze wurde aus Amerika zu uns eingeschleppt und verursacht in der Zwischenzeit bei uns, zunehmenden und erste Probleme. Eingeschleppte nichtortsübliche Pflanzen werden wissenschaftlich als „Neophyten" bezeichnet, was aus dem griechischen übersetzt „neune Pflanze" heißt. Man hat wissenschaftlich nachgewiesen, dass es und zwischenzeitlich bereits 328 fest eingebürgerte Neophyten gibt. Tendenz steigend.

Es handelt sich bei der Ambrosia artemisifolio, um eine invasive Neophytenart, weil sie sich mangels natürlicher Feinde sehr stark ausbreiten kann und die Heimnischen Pflanzen verdrängt. Die unkontrollierte Ausbreitung der Pflanze geschieht aber leider auch durch Unachtsamkeit und mangelnder Kontrolle der Menschen selbst, und zwar verursacht durch verunreinigtes Vogelfutter, in das sich Ambrosiasamen befanden, wie Stichproben belegen. Das hätte wohl niemand gedacht und geahnt, der die Vögel im Winter füttert, dass er dadurch die Ambrosia in seinen Garten einschleppt. Die Ambrosia ist ein einjähriges Kraut. Bei dieser Pflanze werden sowohl gleichzeitig weibliche und männliche Röhrenblüten ausgebildet. Was führt dazu, dass sich die Pflanze selbst befruchten kann. Die Schließfrüchte beherbergen einen Samen, der lange überlebensfähig ist.

Die Indianer Nordamerikas, kannte diese Pflanze seit Generationen. Sie benutzten die Ambrosiapflanze, wegen ihrer besonders entzündungshemmenden und schmerzstillenden Wirkung als Heilpflanze. Aus den Blättern wurde Heiltees zubereitet. Aus den Wurzeln wurde Heilsalbe hergestellt.

Mit der Ambrosia wurden Fieber, Durchfall, Übelkeit, Hautverletzungen an Menschen und Tier sowie Schwellungen, Prellungen, Ödeme und Knochenbrüche behandelt. Das kommt uns doch irgendwie bekannt vor. Und tatsächlich war doch mal in der Mythologie davon die Rede, dass die Rösser des Sonnengottes auf einer Weide fraßen, was kein Gras, sondern Ambrosia war. Was war es also? Um es vorwegzunehmen, es handelt sich um Schafgabe. Wir können in Konversation Lexikon nachlesen:

"Schafgabe, gemeine, „archilica milifolium". Archilica milifolium verdankt ihren Namen den berühmten griechischen Helden Archillis, (Achillieus) welches es als Wundmittel benutzt haben soll, um seine empfindliche Ferse- die

Achillisferse zu schützen. Die Ferse, war die einzige Stelle, an welcher er verwundbar war.

In Ilias im 11. Gesang kann man folgende Verse nachlesen: „Wasche das schwärzliche Blut, auch lege mir lindernde Salbe auf."

Wir erinnern uns, wie die Meeresnymphe Thetis, ihren Sohn an der Ferse mit Ambrosia behandelte. Hier wird also deutlich, dass hier mit Ambrosia die Schafsgabe gemeint war, deren Bitterstoffe, die „Achillein", gute Dienste versprachen und für Heilung und Linderung sorgten.

Und „millifolium- eine Zusammenziehung aus „mille und „folium", bedeutet als Artenname „Tausendblatt", was auf die Blattspreite der Schafsgabe hindeutet.

Hier haben wir einen Beweis, dass in diesem Fall, in der griechischen Mythologie, der Begriff Ambrosia auf eine Pflanze, und zwar der Schafsgabe hindeutet. Oben bei Ovid konnten wir lesen, dass den Rössern des Sonnengottes, Ambrosia statt Gras als Futter diente.

In Tat ist es doch bis heute so, dass die Schafsgabe bei den Pferden zu den bevorzugten Kräuterpflanzen gehört.

Ambrosia artemisifolio wurde aber nicht nur von den Indianern als Heilpflanze benutzt, denn heute wird die Pflanze erstaunlicherweise auch in der Homöopathie als Heilmittel gegen Allergien in Globoli oder Dilutionsform eingesetzt.
Und irgendwie umgibt die Ambrosia eine besondere mystische Aura, die wir ahnen aber nicht recht beschreiben können.
Etwas Geheimnisvolles umgibt diesen Begriff.
Viele Dichter und Schriftsteller haben sich darüber hinaus, in der Vergangenheit, mit der göttlichen, unsterblich machenden Ambrosia beschäftigt, und ihr ihre Aufmerksamkeit geschenkt. Viele weitere historische Stellen weisen auf den gleichen Zusammenhang hin.
So etwa Johann Heinrich Voß, dem wir die Übersetzungen zu Ilias und Odyssee verdanken, aus denen ich zum Teil zitiert habe und der 1778 Rektor der Lateinschule in Otterndorf an der Niederelbe wurde.
Im Gedicht Rebenspross schreibt er unteranderen:" Fruchtschwer in Lesbos sonnigen Höhn`, erwuchs ein hoher Weinstock, welcher Ambrosia voll Hochgefühls und Hochgesanges Zeitigte durch
Dionysos Obhut........

Heute erfahren durch den Gott des Weines, vor Lesbos und vor Lampedusas Küsten die Flüchtlinge, die fast jeden Tag, in ihren kleinen Booten dort stranden, keine Obhut mehr. Es ist niemand da, der sich Ihnen annimmt. Sie scheinen uns gleichgültig, zu sein.

Es ereignen sich dort, an diesen Küsten fast täglich menschliche Dramen, wenn die Flüchtlinge mit ihren primitiven Booten, dort stranden und niemand bereit ist, sie aufzunehmen, wie Report Mainz berichtete. Sie werden mit der Ambrosia der Gleichgültigkeit empfangen, gelegentlich beschossen und gnadenlos zurückgeschickt. Dabei wäre eine Ambrosia der Humanität, dringend notwendig.

Was für eine inhumane Welt, die so reich ist und sich ärmlich verhält!

Wie hat sich doch die Zeit so nachteilig verändert!

Mit Sicherheit lassen sich noch weitere Anwendungsbereiche für den Göttertrunk" Ambrosia" finden. Früher gaben Ärzte den verschiedenen Lebenselixieren und Schönheitsmitteln den Namen „Ambrosia".

Bild unten die Ambrosia Pflanze, auch Beifußblättrige Traubenkraut ferner Ragweed, Beifuß-Traubenkraut, Ambrosia, Beifuß - Ambrosie, Aufrechtes Traubenkraut, Wilder Hanf genannt, ein einjähriges Wildkraut. Allergien auslösend. Es ist ein Neophyt ursprünglich aus Nordamerika.
Wie der Name auch immer lautet, Vorsicht ist geboten.

Heute wird der Konsum von Cannabis, in kleinen Mengen auch bei uns legalisiert. Offensichtlich müssen sich die Menschen immer berauschen. Im Altertum mit Ambrosia und gifthaltigen Getränken. Heute mit modernen Drogen, Alkohol und Zigaretten.

Unsere Süchte haben einen uralten Ursprung und der Konsum, insbesondere bei Jugendlichen, hat in den letzten Jahren stark zugenommen.

Verlassen wir nun die Ambrosia und den Göttertrank und wenden uns einem weiteren wichtigen Thema zu, was gerade in diesen Tagen wieder kontrovers diskutiert wird und die Jugendlichen auf die Straßen treibt.
Die folgende Geschichte greift einige Aspekte des Klimawandels und der globalen Erderwärmung auf, wie sich die Situation heute darstellt und wie sie sich auswirken kann.

Hinweis: Die Zahlen und Fakten zu den nachfolgenden Themen beziehen sich auf Stand 1.4.2023 (kein Aprilscherz)

4. Klimawandel

Der Klimawandel, kann doch von niemand mehr ernsthaft infrage gestellt und geleugnet werden. Gerade in diesen Tagen des Mai 2018 vergeht kaum ein Tag, an dem in Deutschland keine verheerenden Unwetter toben und die Menschen in Angst und Schrecken versetzten.
Auf der einen Seite sehen wir gewaltige, sintflutartige Regenfälle zum Teil mit heftigem Hagel, insbesondere im Süden und Südwesten

unseres Landes und auf der anderen Seite, insbesondere in Mecklenburg-Vorpommern ist es dagegen zu trocken. In beiden Fällen sind diese Entwicklungen besorgniserregend, denn sie führen nicht nur zu hohen Ernteausfällen und somit zur Nahrungsmittelverknappung und auch zur Verteuerung, sondern richten darüber hinaus auch große finanzielle Schäden an.

Die Wissenschaft befürchtet, das wäre erst die Spitze des Eisbergs.

Ein besonders dramatisches Beispiel, war die Überschwemmung an der Ahr, die die Menschen ratlos zurücklässt.

Die Frage lautet: haben wir den Kipppunkt schon überschritten oder können wir das Steuer noch rumreißen, ist die Richtung selbst zu bestimmen. Wir müssen uns klarmachen, dass die Durchschnittstemperatur, weltweit bereits um 1 Grad gestiegen ist. Ab 1,5 Grad im Durchschnitt, wird es kritisch.

Die letzten sechs Jahre waren die wärmsten, seit den Wetteraufzeichnungen. Eigentlich brauchen wir keine weiteren Indikatoren hinzuzufügen. Plötzlich fängt es zu brennen. Die Sache ist klar. Noch haben wir es meines Erachtens, selbst in der Hand, die Richtung zum Guten noch zu verändern.

Der März 2023 war der wärmste, seit Beginn der Wetteraufzeichnungen.

Es könnte sein, dass in London bald Temperaturen, wie in Barcelona herrschen, wenn der Klimawandel und die Erderwärmung, nicht gestoppt oder auf 1,5 Grad begrenzt wird.

Der Klimawandel auch als Klimaveränderung/ Klimaschwankungen oder globale Erderwärmung bezeichnet, beschreibt die Veränderungen des Klimas auf der Erde, ausgelöst durch natürliche oder menschliche Einflüsse.

Klima ist der mittlere Zustand in der Atmosphäre an einem bestimmten Ort oder einem bestimmten Gebiet über einen längeren Zeitraum. Als Zeitraum werden Betrachtungen über dreißig Jahre angesehen.

Wir spüren hier sowohl das kühlgemäßigte aber auch das kontinentale Klima und spüren, dass sich etwas verändert hat darauf gehe ich noch ein. Wie das Klima in anderen Zonen ist, können wir uns schlecht ausmalen. Das Klima kann so unberechenbar, wir ein Betriebsklima sein. Es verändert sich was und wir können dagegen nichts tun. Obwohl, manche verantwortliche Politiker, die Klimaveränderungen immer noch bestreiten, kann der Klimawandel und die damit verbundene globale Erwärmung, kann wohl ernsthaft von niemand mehr bestritten werden, wenn wir an die Wetterkapriolen, oder besser an die Unwetter der letzten Jahre denken, dürfte jedem klar sein, dass mit unserem Klima, etwas nicht in Ordnung ist.

Die Böden sind zu trocken. Es kommt oft nur noch zu Noternten, weil das Getreide nicht ausreift. Diese Ernteverluste, reduzieren die Agrarprodukte.

Nahrung wird knapp und teuer. Viele müssen sich noch mehr einschränken. Der Welthunger nimmt zu.

Auch in unseren Breiten treten nun vermehrt Tornados auf, die wir früher hier nicht kannten. Dies ist ein starkes Indiz, dass sich das Klima nachhaltig verändert hat und wir uns auf veränderte Situationen einstellen müssen.

Auch die tropischen Wirbelstürme haben ein nie vorhergekanntes Ausmaß angenommen und richten immer mehr Schäden an. Meistens trifft es die Ärmsten der Armen, die an der unteren Lebensskala leben und unsere Hilfe bedürfen. Bilder, furchtbarer Naturkatastrophen, bei denen viele Menschen, oft die Ärmsten sterben, sind uns in bleibender Erinnerung und mahnen.

Was früher, wirklich nur in sehr langen

Zeitabständen, als Jahrhundertereignis über uns hereingebrochen ist, wiederholt sich in den letzten Jahren, in immer kürzeren Zeitabständen. Dabei stehen die Menschen, die zum Großteil, für diese Szenarien selbst verantwortlich sind, dem Geschehen oft machtlos gegenüber. Trotzdem geschieht es immer wieder, in kürzeren und an Gewalt zunehmenden Intervallen. Das ist beängstigend.

Die Politik nicht, wie die Maus vor der Schlange erstarren, sondern muss, schnell fächerübergreifend Lösungen suchen.

Können wir dagegen etwas tun und welche Maßnahmen wären geeignet, den größtenteils durch Menschen verursachten Treibhauseffekt zu mindern und die Lebensgrundlagen für unsere Kinder nachhaltig zu sichern.

Ist es nicht Aufgabe der Politik, die natürlichen Lebensgrundlagen der Menschen nachhaltig zu sichern, oder muss jeder seinen eigenen Beitrag leisten. Es ist eine Mischung aus beidem. Die Politik muss die Rahmenbedingungen setzen und die Bevölkerung und die Industrie, muss die Vorgaben dann auch umsetzen.
Vor allen Dingen müssen die Menschen davon

überzeugt werden, das Richtige zu tun, wenn sie sich für den Erhalt, unserer Lebensgrundlagen stark machen. Nur so kann der notwendige und dringend erforderliche Paradigma Wechsel gelingen. Die Mahner dürfen nicht als Besserwisser abgestempelt werden, sondern wir müssen sie ernst nehmen, ohne dass sie sich festkleben müssen.

Das stimmt wohl, aber leider tritt die Politik oft auf der Stelle und hat bisher noch keine, für alle Staaten verbindliche, Klimaschutzcharta verabschiedet. Auch der letzte Klimagipfel ist wieder ohne Ergebnis gescheitert.

Aber der Reihe nach.

Der Treibhauseffekt, gemeint ist hier der Anthropogene, wird im Wesentlichen durch Spurengase wie: Kohlendioxid (Kohlenstoffdioxid), Fluorchlorkohlenwasserstoffe (FCKW), Lösemittel, Methan, Distickstoffoxid, Ozon und treibhausrelevanten Aerosole verursacht. Diese klimarelevanten Spurengase, Treibhausgase werden freigesetzt und in die Atmosphäre entlassen und weisen dort eine hohe Stabilität auf, die zu einer langen Verweildauer führt. Die

Spurengase sind umweltschädlich, andere wiederum tragen durch ihre hohe Reaktivität maßgeblich zur Produktion von Hydroxyl-Radikalen Molekülen bei. Diese Radikalen entstehen in der Troposphäre aus Ozon und Wasserstoffmolekülen beim Eintreffen von UV-Strahlen. Schon in geringen Konzentrationen können den Treibhauseffekt befeuern und müssen unbedingt vermieden werden.

Diese Emissionen entstehen zum Großteil durch Verbrennung fossiler Energieträger, im Straßenverkehr, bei der industriellen Umwandlung, in der Landwirtschaft und durch privaten Verbrauch. Seit dem Dieselskandal wissen wir ja nun, dass insbesondere viel Kohlendioxid und Stickoxide in die Luft geblasen wurde, mehr als offiziell bekannt. Dadurch wurden Menschen gesundheitlich gefährdet und vor allen Dingen getäuscht.

Die Luftverschmutzung hat in China beispielsweise, in den letzten Jahren dramatisch zugenommen. Aber auch bei uns, sieht es gar nicht gut aus. Es nützt auch nichts die Grenzwerte anzuheben. Das ist eine Mogelpackung und unverantwortlich.

Als Luftverschmutzung wird die Freisetzung von gesundheits- und umweltschädlichen Stoffen, wie Rauch, Ruß, Reifenabrieb, Abgase, Aerosole, Dämpfe und Duftstoffe in der Luft bezeichnet, die die Menschen, je nach Alter und gesundheitlichen Zustand, mehr oder weniger, in seiner Lebensqualität beinträchtigen.

Der Treibhauseffekt bedingt, neben weiteren vielschichtigen anderen, schädlichen Aspekten, die hier im Einzelnen vernachlässigt werden sollen, im Wesentlichen folgendes:

*Verschiebung der Klimazonen. Die Verschiebung erfolgt Polwärts. Die Nordverschiebung kann pro Erderwärmung Grad 100-200 Kilometer betragen. Die polare Klimazone schrumpft.

"Brokkoli auf Grönland", titelte vor Kurzem eine Zeitung. Die Verschiebung der Klimazonen nach Norden lässt sich an der Pflanzen- und Tierpopulation festmachen. Verschiedene Pflanzen und Tiere, die hier noch vor einigen Jahren nicht heimisch waren, trifft man nun hier an. Die Ökosysteme verändern sich, ob zum Vorteil oder Nachteil, kann noch nicht gesagt werden.

Pro einem Grad Celsius ist mit einer Verschiebung um 100-200 km nach Norden zu rechnen.

*Verschiebung und Ausbreitung der Wüsten nach Norden. Auch hier ist wieder der Mensch verantwortlich, weil er es nicht schafft die Erderwärmung zu stoppen. Man nennt das „Desertifikation" (fortschreitende).

Dadurch weiterer Verlust von Agrarflächen und der damit verbundenen Verknappung von Nahrungsmittel. Die Verknappung führt zum Preisanstieg und Verteuerung der Nahrungsmittel und zur Zunahme der Armut und der Migrationsströme ferner zur Zunahme der Verelendung. Verschlechterung der allgemeinen Lebensqualität und Verstärkung der Erosionen und Verlust von Ackerböden und dadurch. Verknappung von Agrarflächen. Die Reichen werden trotzdem ihren Lebensstandard halten können, die Armen werden immer ärmer. Jedes Jahr gehen 70.000 Quadratkilometer, etwa die Größe von Irland verloren.

Ursachen der fortschreitenden Wüstenbildung sind die Überweidung, die Entwaldung sowie die Übernutzung. Szenarien, die in der Sackgasse enden.

*Veränderung der Vegetationszonen. Die natürliche Vegetation verändert sich dadurch auch Veränderung der Frucht- und Erntefolge mit *positiven und negativen Aspekten.*

Vegetation leitet sich vom mittellateinischen Wort: "vegetatio", ab und bedeutet „Wachstumskraft, Grünung, leben, wachsen. Bei uns auch Pflanzenkleid, Pflanzenvorkommen, Pflanzendecke. Was also in einem Land wächst und gedeiht. In
China Reis bei uns Kartoffeln. Aber auch die verschiedenen Verteilungsmuster, Gestalt und Wuchsformen.
Wir unterscheiden zwischen ursprünglicher, natürlicher also einmal vorhandener und realer Vegetation, beispielsweise durch die Landwirtschaft geprägte und der potenziell natürlichen Vegetation, die den Endzustand ausdrückt.

*Zunahme der Waldbrandgefahr, wie vor Kurzem in Portugal und Kalifornien erleben konnten. Wir scheinen machtlos zu sein. Es brennt allerorten und verursacht gewaltige Schäden. Etwa 4% der Waldbrände weltweit, haben natürliche Ursachen. Neben der Freisetzung von CO_2 und der Zerstörung von Flora und Fauna, spielen die großen Baumverluste und damit der Wegfall als CO_2- Senke eine entscheidende Rolle.

* *Erhöhter Schadtierbefall, durch Schädlinge, die man in unseren Breiten bisher nicht kannten, zum Beispiel Sandmücke, Glasflügelzikarde, Wandermuschel und Quallen, sowie weitere Ausbreitung, von Zecken und der Hyalomma in Risikogebieten. Oft sind es die wärmeliebenden Tierchen, die sich bei uns ausbreiten. Aber auch bestimmte heimische Arten, wie beispielsweise der Borkenkäfer, Miniermotte Schwammspinner, Asiatische Wespe u s w. Dadurch Übertragungen von Krankheiten, die hier bisher weitgehend unbekannt waren und erhöhte Fressverluste durch Schadtiere, weil natürliche Feinde fehlen. Glasflügelzikaden können Pflanzenkrankheiten übertragen und beispielsweise Weinstöcke schädigen. Die Sandmücke kann die gefährliche Tropenkrankheit „Leishmaniose" übertragen.*

Die Hyalomma ist eine Verfolgungszecke, die das Krim-Kongo-Fieber und das Zecken- Fleckfieber übertragen kann. Deshalb müssen wir wachsam sein.

Coronaauslöser war nach aller Wahrscheinlichkeit eine Zoonose. Eine Zoonose ist der Übertragungsweg einer Infektionskrankheit, von einem Tier auf den Menschen oder von einem Menschen auf ein Tier.

Eine Erklärung, warum Zoonosen entstehen, ist die Tatsache, dass wir den Tieren immer mehr natürlichen Lebensraum wegnehmen.

3. Durch den Anstieg der Durchschnittstemperaturen wandern auch anderen Neozoen (Geschöpfe) bei uns ein und verdrängen die heimischen Arten. Zum Beispiel die Zebramuschel, Wollhandkrabbe, Waschbär, Wanderratte, Marderhund, Nilgans, Goldfisch, Blaukrabbe u s. w. sowie als Neopythen, (Gewächse) das indische Springkraut und beispielsweise der Knöterich, um nur einige zu erwähnen, zunehmend die heimischen Arten. Die heimischen Arten können sich gegen diese Eindringliche, oft nur schwer behaupten.
*Hurrikans, Tornados, Taifune, Zyklone. Extremtemperaturen, lange Trockenphasen, starke und heftige Nieder-schläge und durch die globale Erderwärmung, kommt es einer stärkeren Wasserverdunstung über den Meeren aber auch am Boden und zu gewaltigen Regenwolken, die sich irgendwo ausregnen müssen.
Die Anstiege der Meeresspiegel und damit der Verlust von Heimat zeichnen sich immer deutlicher ab. Die Erwärmung der Ozeane führt zur

Ausdehnung des Wassers. Seit Mitte des 19. Jahrhunderts ist weltweit betrachtet, ein Anstieg des Meeresspiegels zu beobachten. Allein im 20. Jahrhundert um 17 Zentimeter. Da schellen bei vielen Ländern bereits die Alarmglocken.

Was auf den ersten Blick nach gutem Badewetter und Urlaub klingen mag, ist für die Wissenschaftler ein Alarmsignal und beunruhig sie. Bei vielen Wasserorganismen ist die Wassertemperatur, die Körpertemperatur. Wenn es ihnen zu warm wird, müssen sie in kältere Gewässer ausreichen, sofern sie dazu in der Lage sind. Das verändert die Nahrungsketten. Viele Korallenarten können die höheren Temperaturen nicht ertragen und sterben ab.

Durch die höhere Wasserverdunstung, drohen auch Starkregen und Überschwemmungen und die Aufnahmen von CO_2 wird geringer. Das waren im Telegrammstiel nur einige, wenige Aspekte.

Die Bäume leiden unter Klimas-Stress und damit unter Resistenzverlust. Sie stehen als natürlicher Kohlendioxidspeicher nicht mehr zur Verfügung, was den Treibhauseffekt weiter verstärkt. Erhöhter Schadtierbefall. Hohe Bestandsverluste. Der Borkenkäfer hat leichtes Spiel. Seit 1980 hat sich die Zahl der klimabezogenen Katastrophen

verdreifach. Mensch und Natur müssen auf die Auswirkungen vorbereitet werden. Allerdings, das habe ich immer wieder festgestellt, dass den natürlichen Feinden, zu wenig Beachtung geschenkt wird. Auch der Borkenkäfer hat eine große Anzahl von natürlichen Feinden.
Wetterextreme, mit hohen finanziellen Schäden und hohen Vorsorgekosten für das Allgemeinwesen. Die staatliche Daseinsvorsorge verschlingt viel Geld, was an anderer Stelle, gut eingesetzt werden könnte. In der Zeit von 1980-2016 haben sich die durch Extremwetter verursachten Schäden auf 2 Milliarden Euro vervierfacht.
Der Gletscherrückgang, Gletscherschwund scheint nicht mehr aufzuhalten zu sein und damit Trinkwasserverknappung. Die europäischen Gletscher sind das Trinkwasserdargebot viele Menschen. Die Gletscherrückgänge haben aber noch andere Auswirkungen, zum Beispiel Abnahme der Sonnenreflektion und somit Absorbierung von Wärme, die den Schmelzvorgang noch beschleunigt.

Das Abschmelzen der Polkappen schreitet fort und der Mensch scheint machtlos. Die Reflexion der Sonne durch das Eis lässt nach, was die

Absorbierung der Wärme und den Abschmelzungsprozess weiter beschleunigt. Es besteht die Gefahr, dass der Golfstrom, durch den hohen Eintrag von Süßwasser und die damit verbundene Veränderung des Salzgehaltes, durch die Abschmelzung des „Ewigen Eis" versiegt, weil die Salzkonzentration des Meerwassers da-durch verringert wird, der Golfstrom damit die Dynamik verliert und eine neue Eiszeit droht. Im Winter streut man Salz auf den Bürgersteig, damit das Eis auftaut. Wenn nun die Salzfracht nicht mehr ausreicht und das Wasser des Golfstroms zu süß wird, besteht die Gefahr, dass die Stelle im Nordatlantik, wo der Golfstrom drei Kilometer in die Tiefe fällt und wie eine gewaltige biologische Wärmepumpe wirkt, zufriert und damit die Dynamik des Golfstroms endet. Veränderungen der Meeresströmungen.

Nachteilige Veränderungen der Ökosysteme zum Beispiel das Artensterben der Artenschwund. Vernichtung der Regenwälder und der Korallenriffe, dazu Grundwasserverschmutzung und dessen Absenkung, zunehmende Luftverschmutzung, sowie andere erwähnten Veränderungen.

Hohe, nicht kalkulierbare Staatsausgaben zur Sanierung von Umweltschäden. Die von den Steuerzahlern aufzubringen sind. Der Wohlstandskuchen wir für alle kleiner.
Aufsteigende Landmassen als Folge der Eisschmelze in der Arktis durch den Verlust der erschwerenden Massen. Weil die Eismassen schmelzen, verringert sich der Druck auf den darunterliegen Felsen. Land taucht auf und vergrößert sich.
Sie werden einwenden, da kann ich kaum was machen, hier ist die Politik gefordert. Das stimmt und dennoch, kann jeder Einzelne in seinem persönlichen Bereich, etwas tun, auch wenn es nur kleine Schritte sind. Wenn sie mit kleinen Schritten wandern, kommen sie doch ans Ziel und freuen sich, wenn sie das Ziel erreicht haben.
Jede Pflanze ist ein natürlicher Schadstoffspeicher und bindet Staub. Durch die Waldbrände allein, werden Millionen von Bäumen vernichtet, die als CO2-Speicher nicht mehr zur Verfügung stehen. Deshalb ist auch die Politik erneut gefordert, dem rücksichtslosen Abholzen des Regenwaldes ein Ende zu bereiten und geeignete Maßnahmen, im Rahmen der Gefahrenabwehr zu ergreifen. Leider kann nicht so viel nachgepflanzt werden, wie jeden

Tag zerstört wird.

Hier spielt die Palmölproduktion eine verheerende Rolle. Aus dem Fruchtfleisch der Ölpalme, wird Pflanzenöl gewonnen. Weltweit ist Nachfrage nach Palmöl stark gestiegen, sodass immer mehr, insbesondere tropische Regenwälder gerodet werden, um den Bedarf zu decken. Meistens geschehen der Anbau und die Rodungen nicht nachhaltig.

Das muss schnell gestoppt werden.

Aber das scheint aussichtslos, denn die Ölpalmen sind dreimal so ergiebig wie Raps und beanspruchen für den gleichen Ertrag etwa 1/6 der Fläche von Soja.

Ist der sog. Kipppunkt schon erreicht und ist ein Dominoeffekt zu befürchten. Manche sprechen auch von tickenden Zeitbomben und meinen damit nicht, die Atombomben. Man kann sich das als „Rote Linie" vorstellen, dann ist der Kollaps der Ökosysteme erreicht.

Das ist alles sehr schwierig und politisch schwer um zusetzten. Aber es gibt auch bestimmte Hoffnung, denn Wissenschaftler in allen Ländern forschen daran, insbesondere Maßnahmen zu finden die geeignet sind, die Erderwärmung, zwar nicht zu reduzieren, sie aber doch zu stoppen. Der

größte Palmölproduzent forscht daran, Öl aus Insekten, als Alternative zum Palmöl zu produzieren. Ferner steht Palmöl im Verdacht an Diabetes, Gefäßkrankheiten und Krebs beteiligt zu sein. Wir sollten die Entwicklung weiter beobachten. Wenn in einer spektakulären Baumpflanzaktion, 1000 Bäume gepflanzt werden, dann nützt das nichts, wenn die Bäume nicht auch betreut werden und bald schon vertrocknen.
Die Klimakrise ist real und gefährlich, Mutter Erde darf nicht auf die Intensivstation. Es gibt bereits vielversprechende Initiativen, die Hoffnung machen. Insbesondere wird es die junge Generation schaffen.
Sie ist nicht die „Letzte".
Deutsche Wissenschaftler haben ein neues Verfahren entwickelt, mit dem Klima- und Lüftungsanlagen Kohlendioxid aus der Luft fischen können. Daraus lässt sich Treibstoff für Autos und Flugzeuge herstellen. Vielleicht kann damit der Energiehunger der Zukunft gestillt werden. Eigentlich hätte man es den Pflanzen schon abschauen können, denn sie können CO in Energie umwandeln. Es gibt weitere innovative Vorhaben und Ideen, die sind wieder eine nachhaltige Welt zu schaffen. Der Klimakiller CO_2 erweist sich jetzt als energetischer Rohstoff.

Es scheint mir so, wenn eng um die Menschheit wird, das kann immer wieder Rettungsanker erfunden werden und den Wissenschaftlern die Erleuchtung kommt. Gibt es das doch etwas, was unser Geschehen, in die richtigen Richtung lenkt. Wie kommt es, dass ein schädliches Klimagas, eine Metamorphose vollzieht und ein friedlicher Schmetterling wird. Es wird an allen Teilbereichen weiter geforscht, sodass ich zur Erkenntnis komme, dass die junge Generation es schaffen wird. Ich zeige hier nur die Fakten, Ursachen und Folgen. Wie sich alles entwickelt, muss abgewartet werden. Weitere allgemeine Punkte, die bei dieser Problematik eine Rolle spielen.

18. *Vielleicht haben sie die Möglichkeit mit Holz zu heizen. Das ist umweltfreundlich. Holz gibt bei der Verbrennung, nur so viel Kohlendioxid ab, wie es während des Wachstums aufgenommen hat, es ist somit kohlendioxidneutral. Allerdings entstehen Feinstäube.*

Eine Einschränkung muss man jedoch machen. Dass CO2, was der Baum während seines Lebens aufgenommen hat, wird bei einer Verbrennung jetzt freigesetzt. Um diesen Ausstoß wieder zu kompensieren, müssen mehrere Bäume gepflanzt werden, um die CO2-Bilanz auszugleichen. Ohnehin wird auch das Brennholz knapper werden.

19. Wenn sie zum nächsten Wandertreff fahren, bilden sie Fahrgemeinschaften. Das schont nicht nur die Umwelt, sondern auch ihren Geldbeutel und werfen sie bitte keine Bananenschalen in die Gegend. Eine Bananenschale braucht fünf Jahre, bis sie verrottet ist, und ist kein schöner Anblick.

20. Verwenden sie nur Lösemittel, Sprays, Farben und Lacke, die mit dem Blauen Engel gekennzeichnet sind und keine umweltschädlichen Stoffe enthalten. Auch vor Parabene, die die wegen ihrer fungiziden Wirkung in Kosmetika verwendet werden, sei an dieser Stelle gewarnt.

21. Lassen sie ihre Heizung regelmäßig überprüfen und warten, um festzustellen, ob ihr die gesetzlich vorgeschriebenen Emissionswerte einhalten. Wenn möglich sollte sie den Anteil der erneuerbaren Energien, als Wärme erhöhen.

(Siehe unten meine Bemerkungen zum neuen Heizungsgesetz)

22. *Achten sie auf sparsamen Verbrauch das nützt nicht nur ihren Geldbeutel, sondern auch der Natur. Persönliche Agenda.*

23. *Nutzen sie wo möglich Restwärme.*

24. *Lassen sie, wenn nötig ihr Haus Wärmeisolieren.*

25. *Vielleicht ist auch die Sonnenenergienutzung für sie interessant. Kleinanlagen eignen sich für Balkon und Garten. Sprechen mit dem Fachmann.*
Heute ist es möglich, Solaranlagen zu mieten. Eventuell ist auch eine andere Nutzung, regenerativer Energien, zum Beispiel Erdwärme möglich.

* Meiden sie Produkte aus Tropenholz, es gibt gewiss gute Alternativen. Der Regenwald darf nicht sterben. Trotz des Verdachts der Illegalität wurde ausgerechnet bei der Gorch- Fock. Das ist peinlich. dem Schulschiff der deutschen Marine Teakholz aus Myanmar verwendet. Das ist

peinlich.

26. Achten sie auf ihren Benzinverbrauch. Beim Neukauf auf den Verbrauch und Betriebskosten achten.

27. Energieeinsparungen durch Sparlampen. Abschalten von Elektrogeräten, kein Stand-by. (So weit möglich). Überprüfen von Elektrogeräten, die viel Strom fressen. Gegebenenfalls Energieberater einschalten.

28. Bei Neuanschaffung von Elektrogeräten auf den Energieaufkleber achten.

Es gibt im Haushalt eine Menge weiterer Energieeinsparpotenziale, die ich hier nicht einzeln aufzählen möchte, die aber alle geeignet sind, die Schadstoffimmissionen und die Kosten, zu reduzieren.
Die Hausfrauen wissen ohnehin, wo gespart werden kann. Die Verbraucherzentralen beispielsweise, halten wertvolle Tipps bereit.

29. Kaufen sie Recyclingprodukte, die als Wert-stoffe wiederverwendet werden können. Sozusagen „Von der Wiege bis zur Wiege" sowie umweltfreundliche Produkte.

*Vielleicht gehen sie öfter mal zu Fuß oder benutzen das Fahrrad oder beteiligen sich am Carsharing oder ähnlichen Maßnahmen. Vielleicht ist auch ein Elektroauto für sie vorstellbar.

• Wenn jeder seine persönliche Agenda aufstellt und versucht, ein wenig umweltfreundlicher zu handeln und die natürlichen Ressourcen so nutzt, dass auch die nachfolgenden Generationen, noch auf den Planeten Erde leben könne, dann steht ihrem nächsten Wandervergnügen nichts mehr im Wege stehen und sie können mit gutem Gewissen die Natur um Umwelt genießen.

Die Umweltentlastung und Kostenreduzierung, sollten dabei Ihre Prämissen sein.

Auf der Internetseite des Umweltbundesamtes kann jeder mithilfe eines CO_2 Rechner sein persönliches CO_2 Profil erstellen und gegebenenfalls, Rückschlüsse ziehen.

Machen sie mit, wir, die Erwachsenen haben eine große Verantwortung unseren Kindern gegenüber. Wir müssen es schaffen, denn wir haben nur einen Globus, einen schützenswerten Globus.

Kommen wir zu einem anderen wichtigen Umwelt-Thema, was in der Natur eine große Rolle spielt, aber oft nicht wahrgenommen wird. Es geht um Eutrophierung. Denn alles in der Natur ist *wundersam symbiotisch miteinander verknüpft, einander verzahnt und auf Gegenseitigkeit angewiesen. Wenn diese Ordnung, zumeist durch den Menschen gestört wird, kommt es zu Verwerfungen und Unstabilitäten, die dann nicht mehr zu beherrschen sind.*

5. Eutrophierung

1. Einleitung

Unter »Eutrophierung« wird eine Überernährung von Wasserpflanzen (Algen, Laichkraut) durch ein Überangebot (Überdüngung) an Nährstoffen verstanden. Die Nährstoffe gelangen mit dem Abwasser als organische Rückstände, Fäkalien oder durch Abschwemmungen von landwirtschaftlich überdüngten Flächen (Oberflächengewässser) in die Gewässer.

Der von den Pflanzen nicht aufgenommene Dünger (Phosphate, Nitrate) sowie die organischen Stoffeinträge des Abwassers bewirken ein starkes Wachstum der Wasserpflanzen infolge des Nährstoffüberangebots.

Durch den beschleunigten und verstärkten Wuchs

kommt es nach der Wachstumsphase der Wasserpflanzen, zu vermehrtem Absterben der Pflanzen. Das starke Wachstum bewirkt obendrein einen Lichtentzug und verstärkt damit die Absterbeprozesse.

Die Fotosynthese funktioniert nicht mehr. Bei der anschließenden Zersetzung wird übermäßig viel Sauerstoff verbraucht. Fallen dadurch die Sauerstoffgehalte der Gewässer unter das biologisch notwendige Mindestmaß, hört der Abbau organischer Verschmutzungen durch die »aeroben« Bakterien auf.

Diese Bakterien benötigen zum Leben selbst Sauerstoff und können nur unter dieser Bedingung für den Abbau organischer Verschmutzungen sorgen.

Die danach auftretenden »anaeroben« Bakterien benötigen selbst keinen Sauerstoff, verursachen aber Fäulnis und belästigende Gerüche. Das Gewässer beginnt »umzukippen« (Hypertrophie), Fischsterben setzt ein. Im Faulschlamm am Gewässergrund setzen sich die Zersetzungsprozesse fort. Es bilden sich giftige Stoffe wie Schwefelwasserstoff, Ammoniak oder Methan.

In einem See z. B. kann es im Extremfall durch die absterbenden Pflanzen zu einer langsamen Erhöhung des Seebodens kommen, die zu einer »Versandung« führen kann.

Eutrophierungsprobleme gibt es auch im Luftbereich durch nährstoffhaltige Luftschadstoffe. Hier kommt es ähnlich wie bei der Gewässereutrophierung zu nachteiligen Veränderungen der Ökosysteme.

Es zeigt sich, dass die Ökosysteme untereinander vernetzt sind und negative Umwelteinflüsse die Systeme in ihrer Gesamtheit gefährden. Eine wichtige Voraussetzung zum besseren Umgang mit der Umwelt ist es deshalb, »vernetzt« zu denken und das Oasendenken von einer heilen Welt über Bord zu werfen.

Die natürlichen gegebenen Wechselbeziehungen zwischen Luft, Wasser und Boden erlauben keine Prioritätensetzung, sondern erfordern allumfassende Maßnahmen, die alle Medien gleichermaßen betreffen.
Es geht darum, die natürlichen Selbstreinigungskräfte wieder zu stärken, damit der Saustoffgehalt, im Wasser wieder die

Normalwerte erreichen.

Im Folgendem, wird schwerpunktmäßig die Gewässereutrophierung behandelt. Zunächst sollen jedoch einige Fachbegriffe geklärt werden. Dies ist wichtig, weil die Mindes- Konzentration von gelöstem Sauerstoff im Wasser, durch die Klimaerwärmung abnimmt.
Als "fischkritischer Wert" gilt ein Sauerstoffgehalt von 4mg O2/l unterhalb dieses Wertes setzt das Fischsterben ein. Die Menschheit ohne Fisch, undenkbar.
Die Sauerstoffaufnahme hängt u a von der Wasseroberflächengröße, den Temperaturen wird von der
Größe des Gewässers, den Temperaturen dem Sättigungsgrad, den Wasserturbulenzen und der Luftbewegung ab. Aeroben Wasserbewohner benötigen stets eine gewisse Sauerstoffkonzentration zum Leben.
Neue wissenschaftliche Wege, um die Erwärmung, in den Ozeanen zu senken und den Meeren mehr Sauerstoff zuzuführen, erkläre ich unten.

Begriffsbestimmungen

»Salinität«
Salzgehalt von Gewässern, aquatisch also wasserbezogen. Das Bild oben zeigt den Salzgehalt, den jährlichen mittleren Salzgehalt an der Meeresoberfläche. (Quelle: wikipedia.org)

»Biozönose«
Lebensraum von Pflanzen und Tieren in Abhängigkeit von Wechselbeziehungen. Eine Lebensgemeinschaft von Organismen (einzelne Lebewesen), verschiedener Arten in einen abgrenzten Lebensraum (Biotop) »eutroph« nährstoffreich auf Gewässer bezogen. Guter Ernährungszustand von Organismen.
»oligotroph«, wenig Nährstoffe Trophiestufe I. nährstoffarm.
»mesotroph« Trophiestufe II. Gewässer befinden sich in einem Übergangsstadium.
Nährstoffgehalt zwischen eutroph Trophierstufe III.
Hoher Phosphatgehalt dadurch hohe Produktion von Biomasse. Das Trophiesystem ist ein Klassifizierungs- und Bewertung System über den Gewässerzustand stehender Gewässer hinsichtlich

Nährstoffeinträge.

Saprobien

Bestimmten in verunreinigten Gewässern lebende Organismen wie: Protozoen (Urtierchen), Bakterien und Pilze.

Saprobien System. Klassifizierung-System für die Gewässergüte auf der Grundlage des Verschmutzungsgrades.

Folgen der Eutrophierung.

Die Eutrophierung schränkt zunächst die originären Nutzungsmöglichkeiten der Gewässer stark ein.

Diese Einschränkungen können sich auf das Medium Wasser selbst (Trinkwasseraufbereitung) oder auf die in diesem Wasser lebenden Arten, z. B. Fische, beziehen.

Die Eutrophierung bewirkt einen Artenrückgang und einem Wandel des Artenspektrums (Artenzusammenstellung). Vom Grad der Eutrophierung hängt auch die Häufigkeitsverteilung der verschiedenen Fischarten in einem Gewässer ab. Kaum belastete, intakte Gewässer, mit gutem Sauerstoffgehalt, weisen einen höheren Fischbestand als sauerstoffarme Gewässer auf.

Dies trifft insbesondere aufstehende Gewässer, Flussmündungen und »Ästuarbereiche « zu.
Stehende Gewässer reagieren empfindlicher auf einem schwankenden Sauerstoffgehalt als Fließgewässer. In den Ästuarbereichen, wo sich das Süßwasser (Salinität unterhalb 0,05 Gewässer (Gew.) %) mit dem Meerwasser (Salinität 3,5 - 4 Gew. %) vermischt und Brackwasser (Salinität 3,5- 0,05 Gew. %) entsteht, ist die aquatische Biozönose bereits z. B. durch Schwankungen der Salinität durch Ebbe und Flut sowie durch Schwermetalleinträge stark beansprucht und reagiert auf Störungen des ökologischen Gleichgewichts empfindlich.
Im Extremfall kann es zum dauerhaften Ausfall des aquatischen Biotops kommen. Die Schadstoffeinträge in Gewässer, auch in geringen Mengen, akkumulieren und bilden über einen längeren Zeitraum ein erhebliches Gefährdungspotenzial.
Süßwasser hat eine Salinität von unter 0,1%. Brackwasser liegt etwa zwischen 0,1 und 1 %. Bei mehr als einen %, spricht man von Salzwasser. Die

Ozeane haben einen Salzgehalt von 3,45-3,54. Kurzfristige Schwankungen spielen keine Rolle. Wenn allerdings, der Salzgehalt, durch das Abschmelzen des Ewigen Eises, im Atlantischen Ozean dauerhaft niedriger wird kann es sein das dadurch die Dynamik des Golfstroms versiegt.

Die Belastung durch »Pflanzendetritus« (Zersetzung) wird durch die Einleitung von Nährstoffen verstärkt. Es handelt sich beim Pflanzendetritus um noch nicht humifizierte, tote organische Substanz. Zerfallene auch verfaulte organische Substanzen in Gewässern.

Es kommt zur Artenverarmung und schließlich zum Artenschwund. Eutrophe Gewässer verschilfen schnell und haben eine dicht bewachsene Uferzone. Bei günstigen Wetterbedingungen kommt es zur Wasserblüte (Algenblüte = explosionsartige Massenvermehrung von Algen). Die geschilderten Folgen führen zu einem verhängnisvollen Zerstörungsablauf im Gewässer. Durch den übermäßigen Eintrag von Nährstoffen in fließenden oder stehenden Gewässern wird auch eine negative Veränderung der natürlichen Eigenschaften des Grundwassers und damit des Trinkwassers bewirkt.

Nach den Qualitätsanforderungen der Normenliste

(DIN 2000) muss unser Trinkwasser frei von Krankheitserregern sein, es darf keine gesundheitsschädigenden Eigenschaften aufweisen, es muss keimfrei, appetitlich, farblos, kühl, geruchlos, geschmacklich einwandfrei sein, und es darf nur einen geringen Teil an gelösten Stoffen aufweisen. In den letzten Jahren ist es insbesondere durch die Intensivdüngung zu starken Überschreitungen der Nitrathöchstwerte im Trinkwasser gekommen. Ein weiterer Aspekt kommt hinzu. Alles, was die Pflanzen infolge zu hohen Düngemitteleinsatzes nicht selbst aufnehmen, wandeln Bakterien in Lachgas (N_2O Distickstoffmonoxid um. Lachgas ist ein radikales Gas, das die Ozonschicht zerstört. Ebenso verhält es sich mit Methan, das sich im Faulschlamm bildet und als klimarelevantes Spurengas die Ozonschicht zerstört.

Dieses Beispiel macht erneut deutlich, dass eine Ursache viele negative Auswirkungen haben kann. Daher müssen wirksame Gegenmaßnahmen eingeleitet werden.

Eutrophierungsbekämpfungsmaßnahmen.

Im Wesentlichen kommen drei Maßnahmen in Frage, und zwar: Natürliche gesetzgeberische und technische Maßnahmen.

Natürliche Gewässerselbstreinigung.

Gewässer reinigen sich, sofern sie biologisch intakt sind, bis zu einem gewissen Grad selbst. Als Reinigungspolizei treten »Saprobien« auf. Dies sind pflanzliche oder tierische Organismen, die organische Stoffe abbauen können. Ist die Eutrophierungsfracht allerdings zu hoch, wird das Selbstreinigungspotenzial ausgehebelt und das Gewässer kippt um mit allen oben beschriebenen negativen Folgen.

Gesetzgeberische Maßnahmen

Bereits am 04.06. 1980 hat der Gesetzgeber die Phosphathöchstmengen-Verordnung (PHöchstMengV, BGBl 19801, S. 446) erlassen.
Die Verordnung war erforderlich geworden, weil Phosphate aus Wasch- und Reinigungsmitteln in stehenden oder langsam fließenden Gewässern die Eutrophierung stark begünstigen.
Es handelte sich seinerzeit also in erster Linie um den Schutz stehender und langsam fließender Gewässer. Inzwischen hat sich aber gezeigt, dass

die Reduktion von Phosphaten in Gewässern im Zuge der Höchstmengenverordnung eine sehr vorausschauende, gesetzgeberische Maßnahme war, weil die Eutrophierungsbekämpfung bei gestautem Fließwasser (Talsperren) und im Küstenbereich heute eine große Rolle spielt.

Die Phosphate in den Waschmitteln wurden damals zunehmend durch Phosphatersatzstoffe wie Zeolith A oder Tenside ersetzt. Die Einsatzmenge an Phosphaten in Wasch- und Reinigungsmitteln lag 1991 noch bei 14 000 t und ging 1993 auf 4000 t zurück, dennoch müssen Stoffeinträge in Gewässer stets beobachtet werden. Die Gewässergüte hat sich insgesamt verbessert. Dennoch muss durch verbesserte Technik im Rahmen des Monitorings, die Gewässergüte stets überwacht werden.

Technische Maßnahmen

Die dritte Säule der Maßnahmen zur wirksamen Bekämpfung der Eutrophierungsgefahr ist die Abwasserbehandlung.
Die Abwasserreinigungsverfahren haben sich über die mechanische (1. Stufe) zur biologischen (2. Stufe) bis hin zur Reinigungsstufe (3. Stufe)

fortentwickelt. Dritte Reinigungsstufen werden verwendet, um problematische Stoffe wie gelöste Phosphatverbindungen, schwer abbaubare Stoffe, Schwermetalle oder Salze im Abwasser zu verringern.

Hier steht eine ganze Palette von Abwasserbehandlungsverfahren zur Verfügung. Die aus Waschmitteln stammenden Phosphate werden mithilfe von Chemikalien wie Kalk, Eisenchlorid und Aluminiumsulfat weitgehend aus dem Abwasser „ausgefällt", d. h. „Das Ausscheiden gelöster Stoffe aus einer Lösung".

Beispielsweise konnte die Phosphatbelastung im Bodensee durch entsprechende Phosphatfällung wirksam reduziert und die Wassergüte verbessert werden. Nach Schätzungen des Umweltbundesamtes gelangen in den alten Bundesländern ca. 15 % und in den Neuen bis zu 40 % das Abwasser ohne mechanisch-biologische Behandlung in die Gewässer. Hinzu kommt, dass viele Meeranrainerstaaten große Mengen belastetes und ungeklärtes Abwasser wegen fehlender Abwasserreinigungsanlagen in die Ostsee oder ins Mittelmeer leiten.

Heute haben die Wasserwerke mit anderen Stoffen, Chemikalien, Arzneimittelrückständen zum Beispiel Antibabypille und Mikroplastik zu tun.

Allerdings zeichnen sich auch spürbare Verbesserungen ab. So beispielsweise durch phosphatfreie Waschmittel Der Phosphatverbrauch ist in den letzten 40 Jahren doch stark zurückgegangen. Hierzu hat die EU bereits eine Verordnung erlassen.

Aber nicht die auf Phosphatbelastung in den Gewässern, sondern auch andere schädliche Stoffeinträge, zum Beispiel durch Schiffe, industrielle Direkteinleiter, der Landwirtschaft, durch Mischwasserkanäle und weiteren Quellen ist das Augenmerk zu richten.

Schluss

Die angeführten Vermeidungsstrategien sollen dazu führen, dass aquatische Biotope und Gewässer in ihrer ökologischen Funktion und ihrem Gleichgewicht erhalten bleiben.

Die Begrenzung der Eutrophierungsprozesse muss sich an der »Trophielage« der Gewässer orientieren. Nach der jeweils dominierenden Gewässer-nutzung muss das Ziel der Gewässerschutzmaßnahmen nicht unbedingt oligotrophes Gewässer sein.

Es kann ohne Weiteres naturbedingt sinnvoll sein, nur einen mesomorphen nicht klassischen Aggregatzustand anzustreben.

Bei den Schutzmaßnahmen geht es also auch darum, die gesamte natürliche Gewässerpalette zu erhalten. Zur Durchsetzung dieser Ziele ist weiterhin eine vorausschauende und regulative Umweltpolitik, wie durch die PHöchstMengV geschehen, erforderlich.

Es ist auch zu bedenken, dass unsere Gewässer Trinkwasser Vorratslager sind. Man denke hier an das Uferfiltrat, das zur Gewinnung von Trinkwasser dient. Oder man denke an die Wasserversorgung aus dem Bodensee die von Mal zu Mal schwieriger wird.

Das Bild unten zeigt ein Gewässer mit einem hohen Eutrophierungsgrad mit hohem Pflanzendetritus. Hier ist für Wasserbewohne4 kein Leben mehr möglich.

Algen und grüne Meerespflanzen sind grundsätzlich, Photosynthese fähig. Sollte man auch deshalb, alle Weiden, alles Grünland zu Äckern machen.

Eine neue globale Analyse, zeigt in den Ozeanen, eine verheerende Entwicklung bei Ammoniak Emissionen aus der Landwirtschaft. In den vergangenen Jahrzenten sind große Mengen Düngemittel, in die Ozeane gelangt. Stickstoffverbindungen fördern die Erderwärmung und schaden darüber hinaus die Gesundheit und die Natur.

Der jährliche Eintrag in Form von Ammoniak, habe im Jahr 2018 um etwa 89 % gegenüber 1970 zugenommen. Um die Nahrungsmittelproduktion zu maximieren, wird immer mehr Dünger eingesetzt, den die Böden, wegen Altersschwäche nicht im vollen Umfang aufnehmen können. Der Rest wird in die Meere gespült und führt dort, zu einem ungehemmten Wachstum von Wasserpflanzen.

Als Begleiterscheinungen wird darüber hinaus Distickstoffmonoxid, sprich Lachgas (Treibhausgas) und Nitrate freigesetzt.

Die Überdüngung habe sich zu einem globalen Problem entwickelt. Zahlreiche biochemische Rückkopplungen werden ausgelöst. Diese messbaren Rückkopplungen sind die Versauerung der Meere, Verschlechterung der Lebensräume insbesondere im Küstenbereich, Algenblüte, Sauerstoffverlust.

Bei uns ist es so, dass etwa 80 % der Einträge in Nord- und Ostsee aus der Landwirtschaft stammen, sagt Julian Mönnich vom (UBA)

Das starke Algenwachstum in Küstennähe, ist nicht nur lästig, sondern es gelangt auch weniger Licht darunter, was Leben zerstört. Die Algen verzehren Sauerstoff, wenn sie von den Bakterien abgebaut werden.

Wie man dies Problem, angesichts der steigenden Erdbevölkerung in den Griff kriegen will, ist noch ziemlich ungeklärt.

Leo Tolstoi fragt in seiner Kurzgeschichte „Wieviel Erde braucht der Mann. Fazit er braucht nur so viel für ein Grab.

Wie immer wieder bekannt wird gelangen nicht nur Düngemittel in die Gewässer, sondern auch, Pflanzenschutzmittel, Tierarzneimittel und verschiedene Biozide (Chemikalien oder Mikroorganismen), in die Ozeane.

Vor einigen Jahren wurde das Weltacker-Experiment der Zukunft Stiftung Landwirtschaft bekannt. Teilt man die weltweite, reine Ackerfläche durch die Weltbevölkerung, ergeben sich knapp 2000 Quadratmeter pro Person. Das würde für den Nahrungsanbau und der Energie pro Kopf reichen. Ein interessanter Gedanke, der aber weltweit, nicht durchzusetzen sein dürfte.

Man könnte auch alle Methanproduzierende Weide- und Stalltiere abschaffen und die Weiden in Ackerland umwandeln. Aber eigentlich wäre der andere Weg der bessere, denn sonst gingen große

Fläche Grünland verloren, was sich wiederum negativ auf den Klimawandel auswirken würde. Dauergrünland, das nach dem 1.1.2021 auf Ackerflächen neu entstanden ist, nicht mehr zwangsweise umgebrochen werden müssen. Es darf also Ackerland bleiben.

Nun etwas anderes

Seit Beginn er industriellen Revolution beeinflusst der Mensch nachhaltig die klimatische Wirksamkeit der Atmosphäre. Eine solche klimarelevante Beeinträchtigung ist der Treibhauseffekt.

6. Der Treibhauseffekt

Treibhauseffekt (Glashauseffekt)

Der Begriff »Treibhauseffekt« ist von der Funktionsweise der Gewächshäuser abgeleitet. Im Inneren eines Treibhauses ist die Luft wesentlich wärmer als die Außenluft.
Bei Sonnenschein dringt die ganze Energie des Sonnenlichtes durch die Glasereien ins Innere und erwärmt Luft und den Boden. Die Glasscheiben haben die Eigenschaft, langwellige Wärmestrahlen zu absorbieren, sodass diese nur schwer entweichen können.
Es kommt zu einer Erwärmung des Innenraumes.

Diesen Erwärmungseffekt bezeichnet man als Glashauseffekt, auf die Atmosphäre bezogen als »Treibhauseffekt«. Was im Glashaus, im Gewächshaus nützlich ist, wird sich in der Atmosphäre schädlich aus.

natürlicher Treibhauseffekt

Eine wundersame schöne Einrichtung der Natur ist es, dass genau die Wärmeenergie, die am Tage aufgenommen wurde, während der Nacht wieder abgestrahlt wird. Dies bewirkt, dass die mittlere Temperatur auf der Erde ziemlich genau 15 Grad C beträgt. Die Konstanz der mittleren Erdtemperatur von 15 Grad C wird deshalb als »goldenes Gleichgewicht« bezeichnet. Es besteht somit ein Strahlungsgleichgewicht zwischen der Absorbierung des kurzwelligen Sonnenlichtes und der Abstrahlung Absendung der langwelligen Wärmestrahlung.
Ohne dieses Strahlungsgleichgewicht würde die mittlere Temperatur minus 18 Grad C betragen. Bei klaren, wolkenlosen Wetterlagen ist es tagsüber sehr warm, nach Sonnenuntergang kühlt es sehr stark ab, weil die abstrahlende Wärme ungehindert in den Weltraum entweichen kann.

Umgekehrt wird es bei bewölktem Wetter nicht so rasch warm und nach Sonnenuntergang nicht so schnell kühl, weil die Abstrahlung durch die Wolken gehemmt wird.

Global vollzieht sich dieses Wechselspiel nach bestimmten Naturmechanismen. Diese Mechanismen kommen dann aus dem »goldenen Gleichgewicht«, wenn der Mensch in sie einseitig eingreift. Nur der Mensch ist fähig, dieses Gleichgewicht nachhaltig zu stören.

Vom Menschen verursachter (anthropogener) Treibhauseffekt.

Hauptverursacher des anthropogenen Treibhauseffektes ist das in der Luft vorkommende Kohlendioxid, CO_2
Es entsteht hauptsächlich bei der Verbrennung fossiler Energieträger wie Kohle, Öl, Gas und Holz aber auch durch Brandrodungen in den Regenwäldern und Waldbränden.
Es ist also nicht nur ein nationales Problem. Deutschland verursacht rund 2% den weltweiten, energiebedingten CO2- Ausstoß und ist damit an zehnter Stelle der Verschmutzer mit 8,09 t. pro Kopf.

Obwohl Brandrodungen, seit der Jungsteinzeit als sog. Schwendwirtschaft zur Gewinnung von Ackerflächen bekannt sind, stellen sie heute einen großen Umweltfrevel dar, da die Grünen Lungen der Regenwälder, ihre wichtigen Funktionen als Kohlenstoffsenke zunehmend nicht mehr erfüllen und Kohlendioxid nicht mehr in ausreichender Menge speichern können. Die Brandrodungen geschehen zumeist illegal, mit großer krimineller Energie und sind nur schwer zu kontrollieren. Seit Beginn der technischen Revolution vor ca. 130 Jahren hat sich der CO2-Ausstoß dramatisch erhöht und wird, wie Modellrechnungen zeigen, bei einer Verdoppelung, die bei Fortdauer der gegenwärtigen Zuwachsraten in etwa 100 Jahren erreicht werden kann, die mittlere globale Temperatur um 1,5—4 Grad C ansteigen lassen. Der Grund hierfür liegt in den optischen Eigenschaften von Kohlendioxid, welches die Sonnenstrahlen nahezu ungehindert, zur Erde passieren lässt, die von der Erde reflektierte Wärme aber absorbiert. Das liegt daran, dass die Spurengase, auf dir wir schon zu sprechen, kamen, die kurzwelligen Sonnenstrahlen fast ungehindert passieren, die langwelligen Wärmestrahlen, die von der Erdoberfläche zurückkommen, aber

zurückgehalten werden. Die Spurengase in der Atmosphäre wirken wie das Glas im Treibhaus. Glas hat die Eigenschaft, langwellige sogenannte infrarote Wärmestrahlen zu absorbieren.
Kurz gesagt, wird die Energiebilanz der Erde in langwellige Wärmestrahlung, auch als terrestrische Strahlung und die kurzwellige und energiereiche als solare Strahlung zusammengefasst. Bei „kurz" und „langwellig" geht es um verschiedene elektromagnetische Wellenbereiche.
CO_2 hat mit 50 % den größten Anteil am Treibhauseffekt, gefolgt von den Fluorchlorkohlenwasserstoffen (FCKW) mit 22%, Methan mit 13% und Lachgas sowie anderen Spurengasen. Darunter auch der Wasserdampf, Ozon, Ruß, Aerosole, Schwefelhexafluorid und Wolken.
Die Spurengase weisen alle unterschiedlichen Charakteristika, bezüglich der Verweildauer auf. CO_2 hat beispielsweise eine Verweildauer von ca. 120 Jahren. Ferner gibt es Unterschiede ihrer Abbauzeiträume und dem Grad ihrer Schädlichkeit.
Methan beispielsweise ist 30 mal „treibhauswirksamer" als ein CO_2-Molekül, d. h 1

Kilogramm Methan, wirkt wie 30 Kilo Kohlendioxid. Natürlich verändern sich die Einträge, aber eben nur sehr langsam.

Spurengase wirken als Treibhausgas und bewirken durch ihre hohe Reaktivität die bodennahe Erwärmung, die zum Anstieg der globalen mittleren Temperatur führt. Dieser Temperaturanstieg hat verheerende Folgen.

Wie gesagt die Spurengase absorbieren einen Teil der von Erdoberfläche abgegebenen langwelligen Wärmestrahlung, die sonst in die Atmosphäre abgegeben würde. Die aufgenommene Energie, wirkt sich dann auch die lokale Temperatur aus, manchmal, wie im Treibhaus.

Wenn also weiterhin, ohne spürbare Reduzierung, Spurengase, insbesondere CO2 in die Atmosphäre entlassen werden wird damit unweigerlich der Treibhauseffekt und die globale Erwärmung verstärkt.

Auswirkungen des Treibhauseffektes.

Die Auswirkungen des Treibhauseffektes auch Glashauseffekt genannt sind mannigfach und kompliziert. Hervorzuheben sind folgende Aspekte:

1. Durch den Anstieg der mittleren Temperatur der

globalen Erderwärmung erhöht sich gleichfalls die Temperatur der Oberflächenwasser der Ozeane.

Die Temperatur des Oberflächenwassers in den Weltmeeren hat 2014 ein Rekordhoch erreicht. Die Temperatur lag um 0,8 Grad über dem langjährigen Mittelwert, aller Ozeane zusammen waren an der Oberfläche 0,6 Grad wärmer.

Dies bewirkt eine höhere Verdampfungsrate. Ein Grad mehr bewirkt etwa 7% mehr Verdampfung. Das ist schon sehr viel.

Es entsteht immer mehr Wasserdampf.

Wasserdampf ist ein klimarelevantes Spurengas, das sich in der Atmosphäre, durch die steigende Verdunstungsrate, infolge der globalen Erwärmung weiter erhöht und den Treibhauseffekt weiter verstärkt.

Der negative Effekt beschleunig sich.

Ferner kann wärmeres Wasser weniger Sauerstoff speichern, sodass die fortschreitende Erwärmung der Meere, zu mehr sauerstoffarmen Bereichen führt.

Natürlich kommt es beim wärmeren Wasser auch vermehrt, zur Algenblüte. Darüber hinaus werden die Korallenriffe geschädigt und es verändern sich auch die Meeresströmungen. Ferner können sich bedingt durch die Erwärmung der

Oberflächentemperatur in den Ozeanen, Wirbelstürme verschiedenster Art bilden.

2. Ein weiterer negativer Effekt ist das fortschreitende Abschmelzen der arktischen Meereseisflächen. Das „Ewige Eis" und die Gletscher schmelzen. Dies führt zu einer Verringerung des Temperaturgefälles zwischen Äquator und Pol. Eine Beeinträchtigung des Temperaturgefälles führt zur Zunahme von Dürren und zur Abnahme von Monsunregen. Eine höhere Temperatur lässt die Alpengletscher schrumpfen (Ötzi lässt grüßen!). Der dramatische Rückgang des Gletschereises führt zu einer starken Reduzierung des zentralen Wasserspeichers in Mitteleuropa. Wasserknappheit zeichnet sich nun nicht mehr unbedingt in Afrika, sondern auch im zunehmenden Maße in Europa, zum Beispiel in Spanien und Frankreich ab. Wasserknappheit wird das zentrale Problem, der Menschen werden. Die Gletscher reflektieren auch das Sonnenlicht und werfen einen Teil der Sonnenstrahlung in die Atmosphäre zurück. Ist die Fläche durch das Abschmelzen dunkel, wird Wärme absorbiert. Die Albedo ist das Maß für das

Rückstrahlungsvermögen, eines nicht strahlenden Körpers. Das Rückstrahlungsvermögen nimmt bei den Gelt-
sichern aber auch beim „Ewigen Eis" immer mehr ab. Das macht weiterhin die Auswirkungen der Erderwärmung deutlich.
Vor kurzem ist in Südtirol im Gebiet Marmolata, ein riesiges Gletscherbrett abgegangen und hat mehrere Menschen unter sich begraben. Es ist damit zu rechnen, dass es vermehrt zu Felsen- und Gletscher-Abgängen kommen wird. Darauf müssen wir uns einstellen, da die Permafrosteisfugen, die die Felsen bisher, wie eine starke Zementfuge zusammenhielt, abschmelzen.
Die Stadt München beispielsweise bezieht ihr Wasser aus den Alpen. Ihre Trinkwasserversorgung könnte gefährdet werden, wenn der Vorrat aus den Alpen einmal versiegen sollte.
Das Abschmelzen der arktischen Meereseisflächen bewirkt auch einen Anstieg des Meeresspiegels. Hier gibt es verschiedenen Szenarien und Berechnungsmodelle, die alle nichts Gutes verheißen. Allein im 20. Jahrhundert ist der Meeresspiegel um 17 Zentimeter angestiegen. Insgesamt ist von 19012010 ein Anstieg von etwa

19 Zentimeter zu verzeichnen.

Das mag nicht viel erscheinen, aber einige Inselstaaten sehen das ganz anders. Der Anstieg der Meeresspiegel und die damit verbundenen Überschwemmungen, führen in jedem Fall zu Bodenvernichtungen. Die Landflächen, insbesondere Ackerflächen verringert sich durch die Überschwemmungen und stehen als Agrarflächen nicht mehr zur Verfügung.

Dadurch können Hungersnöte entstehen. Geht das Meerwasser zurück, ist der Boden versalzen und meistens unbrauchbar.

Die noch vorhandenen Agrarflächen müssen ggf. intensiver genutzt und gedüngt werden. Den Böden wird keine Erholungsphase, eine Wiederherstellung, kein Kräftesammeln gegönnt. Der Boden kann sich nicht beschweren, sondern wird zu oft und zu stark gedüngt, dies führt zur Eutrophierung. Es kommt zu vernichtenden Erosionen, zu Landverlusten und zu großen Flut- und Sturmschäden, Erhöhung des Grundwasserspiegels und Versalzung.

Ein Teufelskreis, diejenigen die ihre Heimat und ihr Land verlieren, sind nicht die Erderwärmungsverursacher. Es trifft immer die Falschen.

Auf der anderen Seite ist zu bedenken, dass es durch die Eisschmelze in der Arktis, und dem damit einhergehenden Verlust an beschwerender Masse, zu Gewinnen an Land-masse im geringen Ausmaß kommt.

Wärmeliebende Pflanzenschädlinge zum Beispiel Maiszünsler oder die Glasflügelzikarde treten durch den Anstieg der mittleren Temperatur nun auch in Gebieten auf, in denen sie früher nicht vorkamen. Das kann von Vorteil oder von Nachteil sein. Das wird die Entwicklung zeigen.

Es handelt sich um Neozoen (Geschöpfe), die bei uns eingewandert sind und vorher hier nicht vorkamen. Die Pflanzenschädlinge, wandern infolge der Klimaerwärmung immer mehr nach Norden. Dies führt zu Ernteverlusten. Deshalb werden verstärkt Pestizide insbesondere Insektizide zur Schädlingsbekämpfung eingesetzt, was wiederum negativen Auswirkungen auf die Ökosysteme hat. Man hat leider immer wieder den Eindruck, dass mit diesen chemischen Substanzen, zu großzügig und nicht nachhaltig umgegangen wird. Die insektenfressenden Tiere, Vögel beispielsweise, finden oft nicht mehr genug Nahrung. Man sollte hier mehr auf die biologische Schädlingsbekämpfung durch die Vögel setzten. Es ist still geworden in unseren Gärten.

Durch den Klimawandel kommt es nachweislich zur Fortschreibung und Ausdehnung der Wüsten, sowie zur Versteppung, dies führt ebenfalls zur Vernichtung von Agrarflächen und damit zur Verknappung von Agrarprodukten. Die Reichen werden sich die teureren Lebensmittel leisten können.

Die Armen bleiben auf der Strecke.

Da sich aber die Verwüstung immer weiter nach Norden schiebt, kann nicht ausgeschlossen werden, dass sich die Sahara wieder begrünt und in nördlichen Regionen neue Wüsten entstehen. In Spanien zeichnet sich die Zunahme der Verwüstung bereits ab.

Wenn durch den Anstieg der mittleren Temperatur die Permafrostböden (Dauerfrostböden) in der Tundra weiter auftauen, werden riesige Mengen Kohlenstoff, aber auch Methan, die bislang im Eis gebunden waren, als Treibhausgas CO_2 in die Atmosphäre freigesetzt, die den Treibhauseffekt verstärken.

Es besteht beim Abbau der Permafrostböden ferner die Gefahr, dass Quecksilber freigesetzt wird. Das waren nur die wesentlichen Probleme, die sich beim Auftauen der Dauerfrostböden ergeben können.

Permafrostböden sind Böden, dessen Temperatur mindestens zwei Jahre ununterbrochen unter null Grad liegt. Durch die Erwärmung kommt es zu einer signifikanten Verstärkung des Klimawandels und es kommt weitflächig zu Bodenabbrüchen und starken Bodenerosionen, Schäden an der Infrastruktur und Veränderungen der Topografie.

Einige wissenschaftliche Studien deuten darauf hin, dass sich durchschnittlich höhere Temperaturen, negativ auf die Artenvielfalt auswirken könnte.

Ferner ist eine Versauerung der Meere messbar. Da die Meere Kohlenstoffspeicher sind und durch den Anstieg von Kohlendioxidmenge, mehr CO_2 aufnehmen, fällt der pH-Wert des Meerwassers. Das Meerwasser wird leicht basisch. Irgendwann ist die Aufnahmeleistung der Meere erschöpft. Die Aufnahme von Kohlendioxid wirkt sich hier chemisch aus.
Diese Versauerung betrifft zunächst die kalkskelettbildenden Lebewesen, indem sich die Skelettstruktur verändert. Über die Versauerung der Meere und anderer Umweltprobleme, gibt es

ausführliche Fachliteratur. Ich spreche die Probleme zur Weiterführung hier nur kurz an, denn die Versauerung der Meere, hat weitergehende Konsequenzen, etwa auf die Fische und Korallen. Der pH-Wert gibt das Maß zwischen einem sauren und einem basischen Fluidum an.

Der pH-Wert der Meere, ist durchschnittlich 8,2 also leicht basisch. Er ist jetzt aktuell, bei 8,1 wird bis 2100 auf 7,7 sinken. Wie sich die zunehmende Versauerung der Meere auf die Ökosysteme, ist noch nicht abschließend erforscht.

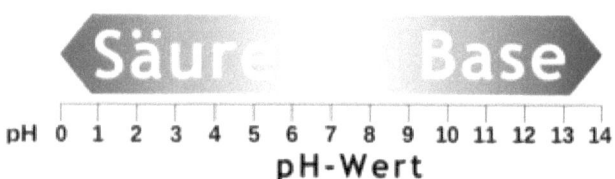

Auf die Zusammenhänge zwischen der Zunahme von Wirbelstürmen, infolge der globalen Erderwärmung wurde schon hingewiesen. Irgendwie haben wir auch das Gefühl, dass sich die Jahreszeiten verändert haben. Auf jeden Fall haben sich die Niederschlags-mengen verändert.

Den gegenüber stehen unerklärliche Dürren und gewaltige Überschwemmungen. Das Klima ist aus den Fugen geraten und der Mensch muss sich darauf einstellen.

Auf die Waldbrandgefahr und den Verschiebungen der Klima- und Vegetationszonen habe ich schon hingewiesen.
Insgesamt nimmt die Biomasse zu. Das ist nun wieder ein positiver Effekt, weil die Biomasse als Kohlenstoffdioxidsenke dient. Und auch Wärme abgeben können, wie das Beispiel mit den Algen zeigte.
Die zunehmende Erwärmung der Meere kann auch dazu führen, dass die am Meeresboden befindlichen Methan-Hydraten (Methaneis) freigesetzt werden und Methan in die Atmosphäre entweicht und somit den Treibhauseffekt befeuert, so wie man es im Film „Der Schwarm", anschaulich sehen konnte. Methanhydraten beeinflussen das erdgeschichtliche Klima.
Schließlich hat die globale Erwärmung auch unmittelbare Folgen auf die Gesundheit der Menschen. Hitzschläge Herz und Kreislaufprobleme, Ozonbelastung, Gefahren durch Stechmücken und anderen

Krankheitsüberträger, sind zunehmend auf der Tagesordnung. Alte Menschen und Kinder leiden besonders unter der großen Hitze.

Das Überwachungswerk „Copernicus", hat im April 2023 in Grönland eine Temperatur von plus acht Grad gemessen. Das Eis schmilzt rasant. Das gebundene Süßwasser ist für immer verloren.

Die Landwirtschaft profitiert auf der einen Seite (Furchtfolgeveränderungen), fährt auf der anderen Seite, durch die Dürre Verluste ein. Auch der Tourismus wird von der Erderwärmung tangiert. Zu heiß macht auch keinen Spaß.

Schließlich führen die Folgen des Klimawandels, zur Umweltflucht und zu zunehmenden Migrationsströmen, weil die Menschen durch Überschwemmungen, Unwetter, Dürren und anderen Naturereignissen ihren Lebensraum verloren haben und in ihrer Heimat keine Zukunftsaussichten mehr sehen. Es geht ums nackte Überleben.

Dies waren stichwortartig die wesentlichen Auswirkungen des Treibhauseffektes. Sie zeigen, dass eine Ursache viele negative Wirkungen auslöst. Welche Lösungen bieten sich nun an, um eine wirksame und dauerhafte Eindämmung der klimarelevanten Stoffe zu erreichen und den Treibhauseffekt nachhaltig zu reduzieren.

Zunächst mal muss jeder selbst anfangen, seinen Zustand im persönlichen Umfeld zu verbessern, aber auch die Politik muss nun endlich ihre Schulaufgaben erledigen.

Länger warten wird noch teurer.

E. Lösungen

Politische

Dauerhafte politische Lösungen die global wirken, scheinen zurzeit kaum durchsetzbar zu sein, das haben die letzten Umweltgipfel gezeigt. Man hat den Eindruck, dass die Politik und die verantwortlichen Entscheidungsträger, kein Konzept haben und nicht wissen, wie der Paradigmawechsel vollzogen werden kann.

Da CO_2 nicht gefiltert werden kann, bleibt derzeit nur die Möglichkeit, den CO_2-Ausstoß drastisch zu reduzieren.

Im Aktionsprogramm 2020 ist folgendes festgeschrieben:

Am 3. Dezember 2014 hat das Bundeskabinett das

Aktionsprogramm Klimaschutz 2020 beschlossen. Das Programm soll ermöglichen, dass Deutschland den Umfang seiner Treibhausgasemissionen von rund 1.250 Millionen Tonnen CO2-Äquivalenten im Jahr 1990 bis 2020 um 40 Prozent mindert auf höchstens 750 Millionen Tonnen CO2Äquivalente.

Es steht jetzt bereits fest, dass dieses gesteckte Ziel nicht erreicht wird, sondern vielleicht nur 32%.

Das Programm umfasst politische Maßnahmen, Umsetzungsbegleitungen und langfristige Pläne. Aktivitäten von Ländern und Kommunen sind ebenfalls enthalten. Seit dem ersten Treffen des Aktionsbündnisses Klimaschutz im März 2015 trifft sich das Bündnis zweimal jährlich. Die Bundesregierung begleitet die Umsetzung des Aktionsprogramms in einem kontinuierlichen Prozess und berichtet jährlich in einem Klimaschutzbericht dazu.

Es ist aber schon jetzt absehbar, dass die Bundesregierung die gesteckten Ziele nicht erreicht. Bis 2025 soll der Anteil erneuerbaren Energien am Bruttostromverbrauch 40-45 % ertragen. Auch dieses Ziel ist bis 2025 unerreichbar, zumal fast alle Windräder und die dazu benötigte Technik aus China kommen. Hinzu kommt, dass die Fachhandwerker fehlen.

2038 soll die Kohleverstromung enden. Wenn dann nicht, auch auf Grund des steigenden Energiebedarfs, genügend eigene erneuerbare Energie zur Verfügung steht, bleibt nur Atomstrom einzukaufen. Wir müssen aufmerksam abraten, wie sich alles entwickelt.

Ferner soll durch den Klimaschutzplan 2050 eine deutliche Reduktion der Treibhausgase erreicht werden. Mit diesem Klimaschutzplan sollen die im Pariser Abkommen geforderte Klimaschutz-Langfriststrategie erstellt und bei der UN vorgelegt hat.

Ein bestimmter Zielpfad der Bundesregierung, will beispielsweise im Verkehr bis 2030 eine Minderung der Co2- Emissionen, um 40-42% bezogen auf 1990 erreichen bleibt abzuwarten, ob die Zielvorgaben endlich erreicht werden. Zur Durchsetzung dieser ehrgeizigen, aber notwendigen Ziele sind umfassende Veränderungen in der Energie- und Verkehrswirtschaftspolitik notwendig.

Nur wenn alle C02-Reduzierungsmaßnahmen wirksam greifen und wirklich in einer konzertierten Aktion der Paradigma Wechsel vollzogen werden kann, und alle mitmachen, die Luft nicht weiter zu verpesten, werden die Ziele erreicht werden können. Dazu müssen die reichen Länder aber auch bereit sein, den ärmeren Ländern entsprechend zu unterstützen.

Allerdings wären alle Anstrengungen der Bundesregierung umsonst, wenn nicht die übrigen Industrienationen gleichermaßen mitziehen würden, um ihre CO_2- Emissionen zu reduzieren.

Bereits auf dem Umweltgipfel in Rio im Juni 1992 haben zwar 168 Staaten die Klimakonvention unterzeichnet und sich gemeinsam verpflichtet, ihren CO_2-Ausstoß zu senken. Dennoch musste die internationale Energieagentur in ihrer jüngsten Prognose feststellen, dass der Energieverbrauch und der CO_2- Ausstoß weiterhin steigen.

Neben den politischen Zielen sollen auch technische Ziele greifen. Diese können, obwohl sie Geld kosten schneller und wirksamer eingesetzt werden.

Technische Maßnahmen

Durch überwiegend technische Maßnahmen sollen die Emissionen, die beispielsweise durch die privaten Haushalte, den Autos, den Flugverkehr und durch Industrieanlagen verursacht, nachhaltig eingeschränkt werden.

Dazu gehört der verstärkte Einsatz und die vermehrte Nutzung erneuerbarer Energie, die Gebäudeenergiesanierung.

Durch die Modernisierung von Kraftwerken, der Förderung von Strom und Wärme aus erneuerbaren Energien, die Erhaltung, Modernisierung und Ausbau der Kraft-Wärme-Kopplung, der Klima-, Energie- und Technologieforschung, und der Forschung und Entwicklung von nachwachsenden Rohstoffen. Sollen einen erheblichen Teil der Treibhausgase eingespart werden.

Die Förderung neuen Heizungen sowie der Wärmepumpen und der Energieeffizienz allgemein, sind wichtige Anliegen, sich von den fossilen Energieträgern zu lösen.

Der Mensch hätte eine ganze Reihe von Möglichkeiten, die er nur endlich nutzen müsste.

Hierzu gehört auch eine spürbare Senkung, des Kraftstoffverbrauchs von Fahrzeugen. Ferner als Dauerthema die Reduzierung des Strom- und Energieverbrauchs und eine Erhöhung des Wirkungsgrades der Kohlekraftwerke, soweit sie noch weiter betrieben werden und dem Ausstieg aus der Kohlenindustrie und Ausbau der erneuerbaren Energien.

Der Energieverbrauch wird dramatisch steigen darauf müssen wir uns einstellen.

Ferner muss dafür gesorgt werden, dass entweichendes Methan beispielsweise von Mülldeponien, besser genutzt werden als bisher sowie weitere technische Maßnahmen zur Nutzung von Methangas. Auch die Speicherung von Energie und die Verbesserung der Stromleitungsnetze, muss auf der Agenda stehen, ebenso der Einsatz von Kleinanlagen für erneuerbare Energien.

Schließlich kann jeder durch sein Konsumverhalten, zum Klimaschutz beitragen: Keine Plastiktüten, kein Mikroplastik, keine Einwegverpackungen, mal lieber zu Fuß gehen, ökologische Rucksäcke vermeiden, regional einkaufen, weniger Fleisch auf den Teller, Kurzstreckenflüge meiden, Energiefresser abschaffen, kein Standby, LED - Lampen. Materialeinsatz beachten.

Im Internet und bei den Verbraucherzentralen und bei den Umweltschutzverbänden kann man weitere Tipps erfragen.

Allerdings wird die Durchsetzung dieser C02-Minderungs-Szenarien viel Geld kosten und von Widerständen begleitet sein. Auf der anderen Seite werden aber auch große Mengen Haushaltmittel eingespart werden, die dann wieder für Umweltschutzmaßnahmen, verwendet werden können.

Natürliche Reduzierung

Wie wir wissen, hilft sich die Natur selbst. Grüne Pflanzen stellen durch die sog. Fotosynthese (unter Lichteinwirkung) den lebensnotwendigen Sauerstoff her, indem sie mithilfe ihrer grünen Pigmente (Chlorophyll) und dem Sonnenlicht aus Wasser und Kohlendioxid energiereiche Stärke produzieren und dabei Sauerstoff freisetzen.
Jeder Baum, jede grüne Pflanze ist somit ein unentbehrlicher Sauerstoffspender. Allerdings ist es aber so, dass die Pflanzen allein die globale Erwärmung nicht auffangen können.
Selbst wenn alle Bäume auf der Welt doppelt so groß wären wie heute, könnten sie nur 500 Milliarden Tonnen Kohlendioxid zusätzlich binden; in den fossilen Lagerstätten ruhen jedoch noch 5000 Milliarden Tonnen.

Soll man also gewaltigen fossilen Lagerstätten einfach nicht ausbeuten. Hinzu kommt, dass der Wald bereits zu 50 %, mancherorts noch mehr, geschädigt ist und jedes Jahr ca. 170000—200000 Quadratkilometer tropischen Regenwaldes durch Rodung vernichtet werden. Der Wald kann somit seine natürliche Pufferfunktion nur noch bedingt erfüllen und das muss ein Alarmsignal sein. Den natürlichen Feinden des Borkenkäfers muss vielmehr Beachtung geschenkt und die Populationen müssen gestärkt werden. Dabei gibt es in der Natur über 300 Arten, die den Borkenkäfer in Schach halten können.

Dies sind räuberische Insekten und Milben, Parasitoiden, Pathogene und Spechte. Von diesen Antagonisten, die den Wald auf natürliche Weise schützen können, hört man in den Berichten über die Waldschäden so gut wie nichts.

Auch die Meere können ihre Speicherfunktion zunehmend nicht mehr gewährleisten. Das Meerwasser hat die Eigenschaft, große Mengen CO_2 zu speichern. Die Ozeane nehmen etwa 50% der jährlichen CO_2-Produktion auf. Erwärmt sich das Meerwasser infolge des Anstiegs der globalen Temperatur, wird das gelöste CO_2 wieder freigesetzt und in die Atmosphäre abgedampft. Die

CO2 Menge in der Atmosphäre nimmt wieder zu, der Treibhauseffekt dadurch verstärkt.

Ferner muss unbedingt dafür gesorgt werden, dass die „Grünen Lungen" sprich, die Regenwälder, nicht weiter so brutal abgeholzt werden. Eine intakte, grüne Natur, alle Wälder aber auch die Steppen und Savannen, sind bedeutende Kohlenstoffsenken. Auch Moore, solange sie wachsen und intakt sind, wirken als Kohlendioxid-Senke. Es ist deshalb besonders wichtig, dass diese nachhaltig geschützt werden.
Viele Beispiele machen deutlich, dass die natürlichen Ausgleichsmechanismen durch das Handeln des Menschen aus dem Gleichgewicht geraten sind. Nur der Mensch kann es wieder richten. Deshalb ist es wichtig, sich mit diesen drängenden Zukunftsproblemen zu beschäftigen und zu versuchen, im eigenen Bereich seinen persönlichen, wenn auch bescheidenen Beitrag zur Reduzierung der CO.-Emissionen zu leisten. Viele kleine Schritte führen auch zum Ziel!

Allgemeine Bemerkungen zur CO 2- Problematik, dem Klimawandel und sonstigen, relevanten Umweltthemen ohne auf alle ständig veränderten Faktoren eingegangen zu können nach dem

Stand.1. April 2023)

C02 wird als Spurengas bezeichnet, weil es nur in winzigen Spuren vorkommt und nur 0,035 % der gesamten Masse der Erdatmosphäre ausmacht. Bezogen auf die Gesamtmasse der Atmosphäre bedeuten die 0,035 % immerhin 1,63 Billiarden Tonnen C02. Dennoch wirken sich gerade die Spurengase negativ aus.

Nach dem jüngsten Bericht der Enquete-Kommission »Schutz der Erdatmosphäre« wird auch die Intensivlandwirtschaft (Methan-Emissionen) als ein Hauptverursacher der Klimabelastung genannt.
Der aktuelle methanerzeugende Rinderbestand beträgt global 942 Millionen Rinder, hinzu kommen die Schafe, Ziegen, Schweine sowie andere Wiederkäuer in der Natur Methan ablassen. Weitere Methanquellen sind Moore, Sümpfe. Abfalldeponien und. Reisfelder. Reisfelder verursachen etwa 10 % des weltweit emittierten Spurengas Methan, was 25–30-mal schädlicher ist als CO2. Wenn wir die Methanemissionen drastisch reduzieren wollen, müssen wir die Rinder- und Schweinehaltung und den Reisanbau verbieten. Das ist unmöglich und unrealistisch.

Wir können das Kind nicht mit dem Bade ausschütten. Natürlich wird daran bearbeitet, die Gesamt-Methan- Emissionen zu reduzieren, das muss aber mit Augenmaß und Fingerspitzengefühl geschehen.
Du musst auch die andere Seite hören. Es gibt gute wissenschaftliche Ansätze, die Spurengase zu reduzieren oder energetisch und stofflich zu nutzen.

Die Spuren -oder Treibhausgase haben eine sehr hohe Verweildauer in der Atmosphäre, sie sind sehr beständig und bauen sich nur sehr schwer ab. Wenn die Verursacher längst gestorben sind, richten sie in der Atmosphäre noch Unheil an.

Die Diskussionen der letzten Wochen, nicht nur national, sondern europaweit, haben deutlich gemacht, dass der Umstieg und Verzicht auf fossilen Brennstoffen nicht so einfach sind, wie man es schlechthin glaubt. Die gesteckten Ziele werden fast immer verfehlt, obwohl die Bundesregierung am 6.3.2023 stolz verkündete, dass im Industriebbereich, 1,9 % weniger CO_2 als im Vorjahr eingespart wurde. Diese Reduzierung ist allerdings auf eine geringere Industrieproduktion zurückzuführen. In allen anderen Bereichen war der CO" Weltanteil jedoch gestiegen.

Es geht um die „Dekarbonisierung", mit dem Ziel, eine kohlenstofffreie Wirtschaft, im Rahmen der Energiewende zu schaffen. Bis wann dieses erstrebenswerte Ziel geschafft werden soll, ist indes noch fraglich. Ob und wann eine CO_2-freie Wirtschaft und Gesellschaft tatsächlich realisiert werden kann, muss abgewartet werden.

Den richtigen Weg dahin zu finden, ist sehr erstrebenswert, aber auch mühsam.

Deshalb ist im Rahmen einer nachhaltigen Vorsorgestrategie wichtig, eine entsprechende Notreserve, an Energieträgern zur Verfügung zu haben. Stand 8.3. 2023 hat die dänische Regierung die Genehmigung erteilt, im Meeresboden CO_2 zu verpressen. Diese Methode, das ist allen sicher bekannt, birgt Gefahren, für die wir noch keinen Parameter haben. Wir können nicht einschätzen, was geschehen könnte. Ob nicht das verpresste CO_2 eines Tages mit großer Gewalt, wieder an die Oberfläche kommt. Es gibt bisher keine Erfahrungswerte.

Spezielle Schiffe bringen das CO_2 von weit her. Das Verfahren ist sehr energieintensiv.

Ein großer ökologischer Rucksack ergibt sich hier. Und es gibt noch viele Unbekannte, ob das auch ein Weg für Deutschland wäre, daran habe ich doch Zweifel, denn über die Anwendungsauswirkungen, gibt es noch zu wenige Ergebnisse.

Aus den Augen aus dem Sinn? Verheizen wir das Klima.

Jeden Tag werden ca. 100 Mio. Tonnen Kohlenstoffdioxid durch menschliche Aktivitäten in die Atmosphäre freigesetzt (Stand 2020).
CO_2 ist aber nicht nur Teufelszeug, sondern findet breite technische Anwendung zum Beispiel als Kühlmittel in der Lebensmitteltechnologie, zu Feuerlöschzwecken und findet Verwendung in der Chemie und anderen Zwecken.
Pflanzen und Photosynthese fähige Bakterien nehmen Kohlenstoff, aus der Atmosphäre auf und wandeln sie durch Photosynthese unter Einwirkung von Licht und Wasser in Kohlenhydrate und Zucker um. Dieser Prozess, der uns ja bekannt ist, setzt auch den für uns lebenswichtigen Sauerstoff und Wasser frei. Dieses gewiss interessante Thema, vertiefe ich hier nicht, denn es geht hier um die Reduzierung und Vermeidung von CO_2

Emissionen, um die Einwirkungen auf Menschen, Tier und Pflanzen, wen auch nicht gänzlich zu vermeiden, so doch so zu reduzieren, dass die Klimaziele erreicht werden können.
Wir können zunehmend einen gewissen Industriewettbewerb, zur Reduktion von CO 2 feststellen.
Wer weniger emittiert hat Wettbewerbsvorteile. Mit der Änderung des Klimaschutzgesetzes hat die Bundesregierung die Klimaschutzvorgaben verschärft und das Ziel der Treibhausgasneutralität bis 2045 verankert. Bereits bis 2030 sollen die Emissionen um 65 % gegenüber 1990 verringert werden. (Bundesregierung zum Klimaschutzgesetz) Vielen Firmen haben ihre eigenen Klimaziele, Klimastrategien und Energiemanagement entwickeln und ständig fortschreiben. Man gewinnt doch den Eindruck, dass die Industrie ihr selbstgesteckten Ziele umsetzten will, denn Rohstoffe und Material, ist teuer und knapp. Das spüren wir insbesondere zurzeit, weil wir uns vom Ausland insbesondere von China zu sehr abhängig gemacht haben. Ob es indes richtig ist, den Menschen ihre geliebte Ölheizung zu verbieten, und ihnen etwas aufzuzwingen, wird sich zeigen.

Es geht also immer, um den ökologischen Fußabdruck, den wir der Erde oft unnötigerweise zufügen und der oft vermieden werden kann, wenn man ihm im täglichen Leben beachtet und nach Alternativen sucht. Wer unbedingt, im Winter Erdbeeren braucht, muss wissen, dass dabei ein großer ökologischer Transportrucksack entsteht, der vermieden werden könnte.

Mit den ökologischen Rucksäcken wird die Menge an Ressourcen sinnbildlich dargestellt, die bei der Herstellung dem Gebrauch, der Entsorgung eines Produktes oder Dienstleistung verbraucht werden. Dieses Modell geht auf Professor Schmidt- Bleek zurück. Besonders hoch sind die ökologischen Fußabdrücke bei der Gewinnung von Edelmetallen. Natürlich gibt ein solches Modell nie exakt an, wie groß der Fußabdruck tatsächlich ist. Wichtig ist bei den ökologischen Rucksäcken, die wir verursachen, stets, dass ihre Auswirkungen und Belastungen in den Hinterköpfen vorhanden sind und beachtet werden.

Das heißt, dass der Mensch mehr Respekt, vor der Natur entwickeln muss, sonst zeigt sie schnell ihr anderes Gesicht.

Deshalb noch ein Wort zu den Klimafolgekosten. Das sind die Kosten, die durch die Emissionen von Treibhausgasen verursachten Klima- und Extremwetterkosten entstehen.

Die Kosten summieren sich durch Schäden an Gebäuden und der Infrastruktur, Ernteausfällen, Landverlust und gesundheitlichen Schäden. Bis Ende 2021 gab es in Deutschland Klimaschäden von 14 Milliarden Euro. Tendenz steigend. Dieses Geld fehlt der Volkswirtschaft an anderer Stelle. Das ist ein ernstzunehmendes Problem.

Ich habe an dieser Stelle, die CO_2 und die Spurengase-Problematik nur kurz gestreift, um darzustellen, welche gewaltigen Aufgaben noch auf die Politik warten, und die gelöst werden müssen. Wir müssen unsere natürlichen Kohlenstoffsenken, Wälder, Moore, Ozeane erhalten und ihnen Lebensraum geben. Im Gegensatz zu anderen Stoffen baut sich CO_2 nicht selbst in der Atmosphäre ab. In den von der Natur selbstgeschaffenen Kohlenstoffkreislauf wird freigesetztes CO_2, entweder physikalisch durch Gewässer gespeichert oder die Grünpflanzen im Rahmen der Fotosynthese abgebaut. Sauerstoff wird freigesetzt.

Nasse Moore beispielsweise speichern mehr Kohlenstoff als jedes andere Ökosystem. (Heinrich

Böll Stiftung Mooratlas, Seite 10.). Dazu kurz ein Wort zur Paludikultur:

Die Paludikultur ist eine Symbiose zwischen Landwirtschaft und Moorschutz. Es geht um die bekannte, traditionelle Nutzung nasser Moorstandorte, zum Beispiel Pflanzen für die Energiegewinnung, sowie andere Rohstofflieferanten, zum Beispiel Dachreet oder Reetmatten. (Weiteres siehe dort).

Zurzeit ist das Thema Energieeinsparung, durch die hohen Energiepreise in aller Munde. Es hat sich gezeigt, dass die Bevölkerung, auch ohne staatlichen Zwang, gut Energie einsparen kann. Wenn dieser Trend beibehalten würde, würde sich nicht nur das Klima, sondern auch der Geldbeutel freuen. Ziel ist es und dieses Ziel muss unbedingt eingehalten werden, die globale Erdtemperatur auf maximal 2 Grad zu begrenzen. Das ist die rote Linie, die nicht überschritten werden darf.

Um nur zum Schluss noch eine Zahl zu nennen. Acht Prozent der anthropogenen Treibhausgasemissionen weltweit gehen allein auf die Zementherstellung zurück.

Bei uns sollen im Jahr 400000 neue Wohnungen entstehen, um den Menschen eine Bleibe zu schaffen. Dass ist ein wichtiges und richtiges Vorhaben.

Dafür wird unteranderen viel Zement gebraucht. Nun möchte man mehr auf Bauxit als Ersatzrohstoff umsteigen.

Dieses Beispiel zeigt, dass viele unterschiedliche Faktoren zu berücksichtigen sind. Kleben bringt indes nichts. Eine erfolgreiche Umweltpolitik kann nur gelingen, wenn sich die Lebensgrundlagen für die Menschen, nicht verschlechtern und nachhaltig für alle gesorgt wird.

Ein weiteres Thema beschäftigt seit den letzten Monaten, die Gemüter.

Es geht um Mikroplastik. Plastik ist allgegenwärtig und uns von Kindheit her bekannt. Am Fläschchen, an dem alle Kinder der Welt schon mal getrunken haben. Mehr und mehr wird nun deutlich, dass dies bisher als harmlos eingestufte Materie die menschliche Gesundheit bedroht. Kleinste Plastikpartikel und die bei der Plastikherstellung verwendeten giftigen Chemikalien, finden sich nicht nur in den Gewässern, sondern auch in der Atemluft und dem Boden.

Aufgeschreckt durch Presse und Fernsehen, mussten wir zur Kenntnis nehmen, dass unsere Gewässer und Meeren zunehmend mit

Mikroplastik zugemüllt sind und sogar in der Antarktis Plastikmüll nachgewiesen wurde. Selbst im Muschelfleisch wurde Mikroplastik nachgewiesen.
Warum Mikroplastik, bisher bei uns nicht verboten wurde, ist unverständlich. Es ist bereits überall nachweisbar.
Obwohl das Gesundheits- und Umweltbewusstsein in dieser Frage wächst, wächst auch die Produktion von Plastik. Es ist zu befürchten, dass dieser Trend anhält oder sich noch verstärkt, weil die
Produktion weitgehend mit billigen „gefracktem" Erdöl erfolgt.
Fracking Gas wurde bei verteufelt, weil dabei chemische Flüssigkeiten mit hohem Druck, in den Boden gepresst werden, um Öl oder Gas zu gewinnen.
Umweltverbände und die Grünen liefen gegen Fracking Sturm, obwohl vor unserer Haustür, in Niedersachsen, Fracking möglich wäre. Weil Öl und Gas immer knapper werden wird diese umstrittene, mit Umweltgefahren verbundene Methode für viele immer attraktiver. Nur für Deutschland nicht.
Bei uns wird noch nicht mal der Versuch gemacht,

die Fracking Felder in Niedersachsen einmal untersuchen und eine seriöse Studie zu erstellen, um die Risiken abschätzen und diskutieren zu können. 2017 hat sich Niedersachsen ohne Not von Fracking verabschiedet. Geschätzt zehn Jahre, könnte sich Deutschland, mit seinem Gasvorkommen versorgen- wäre Fracking erlaubt. Deutschland hat aber darauf verzichtet und lieber Erdgas von Putin bezogen.

Ob nun das LNG-Gas, von dem ich schon sprach, die bessere Alternative ist, muss stark bezweifelt werden. (Siehe hierzu: Zeit-ONLINE vom 6. Mai 2022, abgerufen am 12.3.2023).

Die Ausbeutung fossiler Energieträger verursacht immer Umweltprobleme. Man muss in dieser Frage aber ehrlich bleiben und den Menschen nicht etwas vorspielen, was nicht stimmt.

Wenn uns bekannt ist, dass Erdöl zur Produktion von Plastik notwendig ist, dann gibt es nur zwei Wege.

Plastik vermeiden und notfalls mit einer Plastiksteuer zu belegen, oder Alternative Möglichkeiten zuzulassen.

Die Politik ist insgesamt zuversichtlich, weil dieses Thema auf der politischen Agenda steht und das

Problem wirksam an der Wurzel gepackt werden soll.

7. Mikroplastik

Als Mikroplastik werden Teilchen, mit einem Durchmesser von weniger als 5 mm angesehen. Dies macht Mikroplastik so besonders gefährlich, weil Meeresbewohner und Seevögel, die Teilchen als Futter ansehen und sie verspeisen, mit verheerenden Folgen.
Aber nicht nur in den Meeren und Gewässern, wurden Mikroplastik gefunden, sondern auch in

Auenböden, in geschützten Regionen. Selbst in den Böden entlegener Bergregionen fanden die Forscher Mikroplastik.

Jedes Jahr gelangen über drei Millionen Tonnen Mikroplastik in die Meere. In Muscheln, Austern und im Kot von Seerobben, Seehunde, sowie im Gewölle von Eulenvögeln und in toten Schweinswalen, wurden Mikroplastikteile gefunden. Und in den engmaschigen Netzen sind statt Fische immer mehr Plastikteile enthalten. Manche Fischer fangen keine Fische, sondern Mikroplastik.

Zwischen 1950 und 2015 wurden 8,3 Milliarden Tonnen Plastik produziert. Das entspricht für Menschen, die heute noch leben also ich, mehr als eine
Tonne. Der größte machen Einwegprodukte und Verpackungen aus.

Plastik hat die unangenehme Eigenschaft und benötigt circa 100 Jahre, bis es sich vollständig aufgelöst hat. So viel Zeit haben wir aber nicht mehr. Plastik kann allerhand Giftstoffen, zum Beispiel
Phthalate (Phthalate-Ester) Weichmacher und

Styrol Verbindungen enthalten. Viele davon sind gesundheitsschädlich, endokrin aktiv, giftig oder krebserregend. Zum Beispiel in Spielzeugpuppen. Schon von daher sollte jeder kritisch nachfragen, was er kauft.

Tiere, beginnend beim Wattwurm nehmen die Plastikteilchen als vermeidliche Nahrung auf. Ein kleiner Vogel frisst den Wurm und wird dann wieder von einem Größeren gefressen. Das ist schon schlimm genug. Schlimmer wird es allerdings, wenn die Fische diese mit Gift belasteten Plastikteilchen fressen und der Fisch in die Nahrungskette des Menschen gelangt. Dann sind die Plastikteilchen wieder, dort wo sie einmal hergekommen sind.

Es ist bereits so weit, dass Mikroplastik auch in Sprudelwasser und Bier nachgewiesen wurde. Die gesundheitlichen Auswirkungen, auf den Menschen sind noch nicht abschließend und intensiv untersucht. Forschende der Uni Amsterdam, haben festgestellt, dass Mikroplastik, auch in unserem Gefäßsystem zirkuliert. Sie konnten kleinste Plastikteilchen im Blut nachweise.

Das ist erschreckend und dokumentiert, dass schnell und umfassend gehandelt werden muss. Unser Körper verfügt allerdings über

Abwehrmechanismen, die diese Partikel abwehren können. Da aber Plastik eine andere chemische Zusammensetzung hat, könnte trotzdem passieren, dass sich die Partikel doch einlagern. So die Wissenschaftler.

Ob die Teilchen auch die Hirn- Blut-Schranke überwinden können, jene Schranke zwischen den Flüssigkeitsräumen, des Blutkreislaus und dem Zentralnervensystem über diese Frage besteht Streit. Die einen halten es für möglich, anderen eben nicht. Als Exogene Einwirkungen gelten Alkohol, Nikotin und elektromagnetischen Wellen (Mobilfunk). Bleibt zu hoffen, dass Mikroplastik nicht dazu kommt.

Auf jeden Fall kann Mikroplastik zu gesundheitlichen Schäden führen. Die Forschung hierzu ist nicht abgeschlossen. (Stand März 2023)

Es ist für den Verbraucher schwer, festzustellen wo Mikroplastik enthalten ist, ein Anhalt könnte folgende Liste von Produkten dienen, mit folgenden Abkürzungen.

PE	Polyethylen
PP	Polypropylen
PET	Polyethylenterephthalat
Nylon-12	Nylon-12
Nylon-6	Nylon-6
PUR	Polyurethan
AC	Acrylates Copolymer
ACS	Acrylates Crosspolymer
PA	Polyacrylat
PMMA	Polymethylmethacrylat
PS	Polystyren

PQ   Polyquaternium

Quelle: Einkaufsratgeber, Bund für Umwelt und Naturschutz Deutschland (BUND)

Deshalb ist es ratsam, keine Körperpflegeprodukte mehr zu kaufen, die diese Inhaltsstoffe oder andere Kunststoffe enthalten. Dann wäre schon viel gewonnen.

Machen sie Druck, indem sie die Produkthersteller dazu auffordern, Mikroplastik aus ihren Produkten zu nehmen. Mikro-Kunststoffpartikel werden in Alltagsprodukten wie Zahnpasta, Duschgel oder Peeling Mitteln zugesetzt, um einen mechanischen Reinigungseffekt zu erzielen. Bei manchen Produkten beträgt der Anteil der Plastikkügelchen am Gesamtinhalt bis zu zehn Prozent.
Im Zweifel sollten sie die Produkte durchsieben, um die Plastikteilchen zu separieren. Es handelt sich um ernste und reale Gefahr.
Es muss etwas passieren, schnell.

Es gibt gute, alternative Produkte, die ohne Mikroplastik auskommen. Schauen sie beim Einkauf die Verpackungen kritisch an und wählen sie Produkte aus, die auf Mikroplastik verzichten.

Im Internet findet der umweltbewusste Käufer, viele nützliche Hinweise, um Mikroplastik zu vermeiden.

98 % des Mikroplastiks in den Meeren stammt, von Aktivitäten an Land. Die umweltbewussten Verbraucher sollten deshalb alle Artikel meiden, die Mikroplastikteilchen freisetzten können, zum Beispiel beim Waschen synthetischen Textilien, durch Reifenabrieb, Feinstäuben in den Städten und anderen Einflüssen. Alle müssen dabei an einem Strang ziehen.

Selbst unter der im Meereis der Arktis wachsenden Alge des Jahres, die Melosira artica reichert sich stark mit Mikroplastik an. Das stellt eine ernste Bedrohung für an, die sich von diesen Algenernähren. Das ist ein Alarmsignal. Mit ihm beginnt ein verheerender Kreislauf, dessen negative Auswirkungen sich erst deutlich ii ein paar Jahren zeigen werden.

Die Wissenschaft erhofft, sich von der Alge die Auswirkungen des Klimawandels besser zu verstehen.

Mikroplastik ist eine unsichtbare, aber bedrohliche Gefahr. Wir können alle Plastik und insbesondere dem Mikroplastik den Kampf ansagen. Aber nicht nur die Meere werden durch Plastik vermüllt, sondern auch die Natur. In Storchenmägen hat man mehrere Kilo Plastik gefunden. Auch andere Tiere nehmen Plastik auf und verenden daran.

Es gibt aber auch hier, ähnlich wie beim Kohlenstoffdioxid, gute, neue Ansätze.

Forscher haben ein Enzym entdeckt, das Plastik frisst. Enzyme sind Biokatalysatoren, die bestimmte chemische Reaktionen auslösen oder beschleunigen. Beim Menschen haben sie wichtige Funktionen beim Stoffwechsel.

Wissenschaftler haben sich diese Eigenschaften zu eigen gemacht, um Plastik zu er sinnvoll zu verwerten. Dieses Verfahren wird als wirtschaftlich lohnend beurteilt, weil es nur 4 % der Kosten verursacht, die für die Produktion neuer Plastikflaschen aus Rohöl anfallen würden.

Die Forschung schreitet fort und es besteht Hoffnung, dass das Umweltschiff, doch auf den richtigen Kurs kommt. Der Homo Sapiens ist in der Lage, das schiff auf den richtigen Kurs zu bringen.

Es besteht noch Hoffnung.

Die Bilder A-D zeigen die verschiedenen Stoffeinträge in die Flüsse.

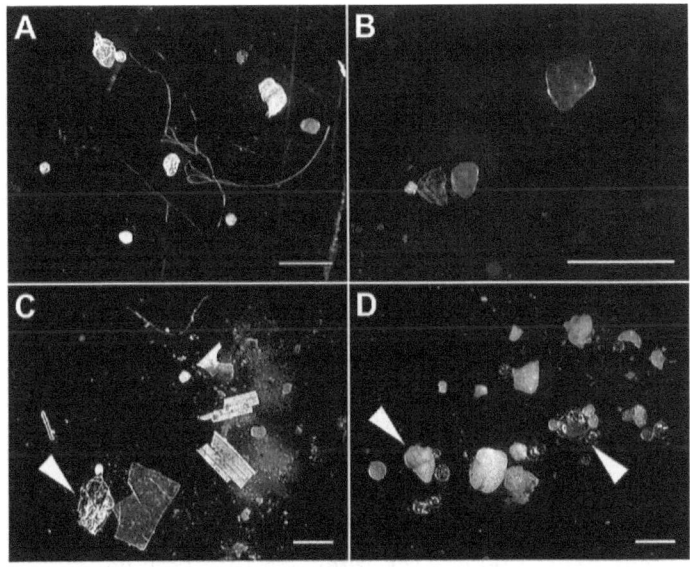

Mikroplastik *in Sedimenten der Flüsse Elbe (A), Mosel (B), Neckar (C) und Rhein (D). Beachten Sie die unterschiedlichen Formen (Filamente, Fragmente und Kugeln) und dass nicht alle Gegenstände Mikroplastik sind (z. B. Aluminiumfolie (C) und Glaskugeln und Sand (D), weiße Pfeilspitzen). Die weißen Balken stehen für 1 mm.*

(Wagner et al.: Mikroplastik in

Süßwasserökosystemen: Was wir wissen und was wir wissen müssen. In: Environmental Sciences Europe. 26, 2014, doi:10.1186/s12302-014-0012-7

Die kleinen Sedimente, die für die Flusstiere wie Futter aussehen, werden zu ihrem Verhängnis.

Dieses Buch reißt relevante Umweltthemen nur an die der Vertiefung bedürfen und möchte vor allen Dingen das Interesse, an wichtigen Umweltthemen der Zukunft fördern. Es ist viel zu tun. Jeder Einzelne kann einen Beitrag leisten.

Wer tiefer in die Materie einsteigen möchte, findet nicht nur im Internet, sondern auch bei den verschiedenen Stiftungen, den Ministerien, Verbraucherzentralen und Umweltverbänden, zu allen Themen umfangreichen Informationsmaterial, was zum größten Teil nichts kostet.

Auf ein weiteres Problem möchte ich hinweisen, und zwar auf das Ozon, sowohl auf das Bodennahe, was die Menschen als Reizgas gefährdet, wie auch das Ozon in der Stratosphäre, was und dort schützt. Ein Stoff mit zwei unterschiedlichen Gesichtern.

8. Ozon

Einleitung

Ozon „das Riechende"
Der Mai 2018 war mit immer höheren Rekordtemperaturen, der wärmsten, seit es Wetteraufzeichnungen gibt. Auch im Sommer 2022 gab es mit 40 Grad in Deutschland einen Hitzerekord.
Diese intensive Sonneneinstrahlung führt neben gesundheitlichen und anderen Problemen, zu einer hohen, bodennahen Ozonkonzentration und hat das Thema Ozon wieder in das Bewusstsein der Menschen gerückt.

In diesem Jahr waren bereits im Mai sehr hohe Ozonwerte zu verzeichnen, dann ist das Ozon, hier das bodennahe Ozon in aller Munde. Oft werden die Gefahren unterschätzt.

Dies deutet darauf hin, dass sich hohe Ozonkonzentrationen zeitlich früher einstellen und der Mechanismus der globalen Ozonsenken gestört scheint und Menschen, die ohnehin unter Atemwegserkrankungen leiden, dadurch zusätzlich gefährdet werden. Überhaupt scheinen die Schadstoffsenken schwächen zu werden.

Eine jüngste Studie aus dem Jahr 2018 zeigt einen Zusammenhang zwischen der Exposition mit Ozon sowie Feinstäuben und der Alzheimerkrankheit. Es handelt sich beim bodennahen Ozon, keinesfalls um eine Bagatelle.

Die Studie zeigt, dass Demenzfälle bei hohen Feinstaub-Emissionen zunehmen und wie die Stäube, über Nase und Lunge ins Gehirn landen. Anhaltende Ozonkonzentrationen führen zu Schleimhautreizungen im Rachen, Hals und Kopfschmerzen, Hustenreiz und Verringerung der Lungenfunktion, ohne dass die Betroffenen, die Ursache dafür im Ozon sehen.

Was in der Stratosphäre (Decke) als Ozon-schicht die Menschen, Tiere und Pflanzen schützt, wird in Der Troposphäre, also in Bodennähe, zu einem gesundheitlichen Übel, verbunden mit starken Beeinträchtigungen für Mensch und Natur denn auch die Pflanzen leider unter dem Ozon und sind einmal regelrechten Stress ausgesetzt.

Die Diskussion über Sinn oder Unsinn von Fahrverboten und Tempolimits hat die Gemüter in den letzten Monaten stark bewegt. Der Druck der öffentlichen Meinung auf die Regierung nahm zu.

Der Gesetzgeber ist gefordert, einheitliche Rahmenbedingungen zu erlassen. Über wirksame Wege zur Reduzierung des Ozons in Bodennähe wurde heftig diskutiert. Hessen löste den ersten Ozon-alarm in der Geschichte der Bundesrepublik Deutschland aus. Andere Länder zogen nach. Da das Thema Ozon ein sehr brisantes ist, soll versucht werden, die Problematik etwas zu beleuchten und dem Leser die grundlegenden Sachzusammenhänge näherzubringen.

Was ist Ozon.

Es ist ein Gas, das in hoher Konzentration tiefblau

ist und einen durchdringenden Geruch hat. Da es gegenüber dem Sauerstoff ein drittes Sauerstoffatom ausweist, hat es ständig das Bestreben, sich von dem »überzähligen« Atom zu trennen. Es handelt sich also um ein aus drei Sauerstoffatomen

Ozone and Oxygen

Oxygen Atom (O) Oxygen Molecule (O₂) Ozone Molecule (O₃)

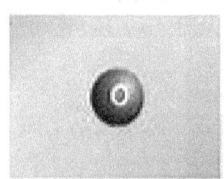 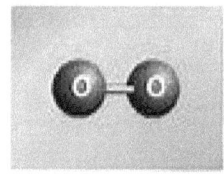 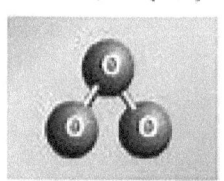

bestimmten Bedingungen Ozon und aus Ozon unter anderen Bedingungen wieder Sauerstoff wird.

Wir unterscheiden zwischen zwei Arten des Ozons, und war: dem Stratosphärischen und den Troposphärischen. Also das Ozon in der Stratosphäre und das Ozon am Boden.

Die Bildungsmechanismen dieser Ozontypen sind allerdings unterschiedlich und wirken sich deshalb, auch unterschiedlich auf Menschen und Natur aus.

Das stratosphärische Ozon entsteht durch fototechnische Reaktionen in der Atmosphäre. Es bildet sich in einer Höhe von ca. 12-50 km aus molekularem Sauerstoff unter Einfluss der kurzwelligen ultravioletten Strahlung der Sonne.

Durch die Strahlungsenergie werden die einzelnen Sauerstoffatome auseinandergesprengt. Es entstehen ungebundene (freie) Sauerstoffatome. Wenn nach dieser Sprengaktion ein freies Sauerstoffatom auf ein noch ungebundenes Sauerstoffmolekül trifft, entsteht Ozon (vereinfacht dargestellt).

Dieses stratosphärische Gas spannt um die Erde einen Schutzschild, der die gefährlichen Bestandteile der Sonnenstrahlung, nämlich die ultraviolette (UV-) Strahlung filtert.

Dieser Schutzgürtel ist die Ozonschicht, die an manchen Stellen brüchig geworden ist und wieder ihre ursprüngliche Stabilität erreichen muss. Alles Leben auf der Erde wird durch die Ozonschicht geschützt, deshalb ist es zwingend notwendig, dieser Schutzschild dauerhaft zu erhalten. Leider geschieht dies nicht immer.

Der größte Teil des Ozons entsteht im Bereich des

Äquators und strömt in die Höhe und in gemäßigte Breiten. Die Ausdünnung, hin zu einem Ozonloch muss unbedingt verhindert werden.

Schwächung der Ozonschicht

Durch den Austrag anthropogener Spurengase in der Atmosphäre kommt es zunehmend zu einer Schwächung der Ozonschicht. Sie wird brüchig und kann ihre Schutzschildfunktion nicht mehr erfüllen.
Wir sprechen vom Ozonloch, das unterschiedlich groß ausfällt und zu einer Ausdünnung der Ozonschicht führt. Dieses einmal verursachte Loch, lässt sich dann nur sehr schwer wieder schließen. Die gefährliche UV-Strahlung gelangt nun zur
Erde und führt zu unmittelbaren Gefahren für Mensch und Natur. Die abbauenden und zerstörenden Stoffe, die dieses Loch verursachen, werden im Allgemeinen als »Ozonkiller« bezeichnet.

Ozonkiller

Ozonkiller sind Stoffe, die in der Stratosphäre für

die Zerstörung des Ozons sorgen. Die Liste der Stoffe, die dem natürlichen Schutzschild des Planeten schaden, ist lang. Es ist erstaunlich, was auch natürliche Stoffe bewirken können. Bereits 1987 wurde im weltweit verbindlichen Montreal-Protokoll vereinbart, dass die sog. Ozonkiller zum Beispiel nicht mehr hergestellt werden dürfen. Allerdings ist es sehr dieses Verbot zu überwachen.

Diese Ozonkiller sind:
Halone (bromierte Fluorchlorkohlenwasserstoffe), die Fluorchlorkohlenwasserstoffe selbst, die als Kühl - und Reinigungsmittel, sowie als Treibmittel bei der Schaumstoffherstellung und als Spray traurige Berühmtheit erlangten.
Die FCKWs sind äußerst stabil und werden in den unteren Luftschichten nicht zersetzt. Sie verlangen zunächst unbemerkt in die Stratosphäre (12-15 km Höhe) und vernichten dort mit großer Wirkung die Ozonschicht, die Mensch und Natur schützen soll.

Seit 2016 hat die internationale Staatengemeinschaft für eine weitere, besonders klimaschädliche Stoffgruppe erste Schritte für einen Ausstieg beschlossen: die teilfluorierten Kohlenwasserstoffe (HFKW).

Gemeinsames Ziel ist es, die Ozonkiller nicht mehr zu produzieren.

Der eigentliche Ozonzerstörer ist das Chlor in den FCKWs. Ein einziges Chlor-Atom kann 100000 Ozonmoleküle knacken. Dies ist das eigentlich Fatale.

In den letzten Jahren wurde weltweit die FCKW-Produktion, drastisch heruntergefahren, aber selbst, wenn von heute auf morgen keine FCKW mehr hergestellt würden, werden die sich bereits in der Atmosphäre befindlichen, Chlor-Atome, als sog. Chlorradikale, ihr Unwesen ungezügelt fortsetzten.

Seit 2010 dürfen keine Treibhausgase mehr hergestellt werden und doch scheinen sich nicht alle Unterzeichnerstaaten daran zu halten, denn amerikanische Wissenschaftler, sind womöglich einem Umweltverbrechen auf der Spur, sie fanden in der Atmosphäre verdächtigte Messwerte von Ozonkiller. Amerikanische Forscher entdeckten Verbindungen, die zu diesen verbotenen Stoffgruppen gehören.

Es soll sich dabei um **Trichlorfluormethan** *handeln. Trichlorfluormethan gehört zu den*

Fluorchlorkohlenwasserstoffen (FCKW), die früher unter anderem als Kühlmittel und als Treibmittel in Spraydosen verwendet wurden.

Nun ja Papier ist geduldig.

Die schönsten bestgemeinen Abkommen nützten nichts, wenn sie nicht überwacht werden. Insgesamt hat sich aber seit dem FCKW-Verbot die schützende Ozonschicht gut erholt. Das Augenmerk gilt nun allerdings, neuen FCKW-Varianten, die man bisher nicht auf dem Schirm hatte.

Den FCKWs muss weiter die ganze Aufmerksamkeit geschenkt werden, da sie sie stabil sind und in der Atmosphäre 65-1000 Jahren verweilen. Und darüber hinaus in zweierlei Hinsicht schädlich sind, sie tragen als Spurengas wesentlich zum Treibhauseffekt bei und zerstören die schützende Ozonschicht.

Die Folgen der Schwächung der Ozonschicht sind mannigfaltig.

Folgen der Schwächung.

Die Schwächung und Ausdünnung der Ozonschicht, beziehungsweise das Ozonloch, was insbesondere über Australien und der Antarktis in den letzten Jahren, zu beobachten war, hat sich allgemein verbessert. Die Ozonschicht erholt sich langsam, weil das Herstellungsverbot, weitgehend beachtet wurde.

Aktuelle Messungen zeigen, dass die Ozonschicht wieder dicker und stabiler geworden ist und die Zunahme an der gesundheitsschädlichen UV-Strahlung gestoppt wurde. Vor Beginn, des Produktionsverbots, waren die Hautkrebserkrankungsrate und Erkrankungen an den Augen und am Immunsystem in den entsprechenden Regionen wesentlich höher. Der Stress auf Menschen und Pflanzen hat abgenommen, obwohl noch keine Entwarnung gegeben werden darf und die Entwicklung weiter beobachtet werden muss.

Auch die Entwicklung der Kleinstlebewesen (Phytoplankton) in den Meeren hat sich verbessert. Allerdings wird nun durch den Anstieg der Meerestemperaturen, das Wachstum wieder begrenzt, sodass insgesamt das Wachstum doch zurückgegangen ist.

Zum einen bindet Phytoplankton Kohlendioxid und ist eine wichtige Kohlendioxidsenke, zum anderen dient der Krill (garnelenförmige Krebstiere) den

Walen in den Meeren als Nahrung. Auch die Bäume haben unter dem Ozon gelitten und sind nun mindestens von diesem Stressfaktor befreit.

Ozonbilanz

Es muss ein Zustand hergestellt werden, dass der Nettoabbau des Ozons nicht höher als die natürliche Ozonbildung ist und sich das System somit im Gleichgewicht befindet.

Erforderliche Maßnahmen.

Damit dieses wichtige Gleichgewicht dauerhaft hergestellt werden kann, hat die Bundesrepublik für ihren Bereich einige gesetzliche Vorschriften erlassen. Natürlich ist Grundbedienung, dass sich auch alle Staaten an das Verbot halten. FCKWs, Halone und andere klimarelevante Stoffe dürfen nicht mehr hergestellt werden.

Mit der „Verordnung zum Verbot von bestimmten, die Ozonschicht abbauenden Halogenwasserstoffen, der FCKW-Halon-Verbotsverordnung vom 6. Mai 1991, hat die Bundesregierung, den stufenweisen Ausstieg aus der FCKW-Produktion verbindlich festgelegt. Darüber hinaus wurden weitere

Verwendungsverbote festgelegt, die sich als wirksam erwiesen haben.

Obwohl diese Vorschrift zunächst von starken Widerständen begleitet war und vieles unlösbar erschien, kann man heute sagen, dass sich die Verordnung bewährt hat. Die Suche nach geeigneten Ersatzstoffen begann, insbesondere nach Stoffen, die kein schädliches Chlor enthalten.

Die neuen Ersatzstoffe enthielten zwar kein Chlor, besitzen aber immer noch nicht zu vernachlässigendes Treibhauspotenzial. Es war deshalb notwendig, die Gesetzeslage an die neuen Stoffe anzupassen. In der Zwischenzeit haben sich die halogenfreien Alternativen weitgehend durchgesetzt.
Das ist ein schöner Erfolg.

Die FCKW-Halon-FCKW-Halon-Verordnung wurde ab 1. Dezember 2006 durch die Chemikalien-Ozonschichtverordnung abgelöst. Diese Verordnung regelt bestimmte Verwendungsbeschränkungen und Verbote für ozonabbauende Halogenkohlenwasserstoffe der zweiten Generation.
Darüber hinaus sind im deutschen Chemikalienrecht, zum Beispiel in der

Gefahrstoffverordnung und in der Chemikalien-Verbotsverordnung, weitere Einschränkungen und Verbote geregelt. Nach diesen grundlegenden Erläuterungen kommen wir nun zum bodennahen Ozon.

Bodennahes Ozon

Das bodennahe Ozon ist ein wenig in Vergessenheit geraten, ist aber nach wie vor vorhanden und bildet sich durch andere Bildungsmechanismen als das Ozon in der Stratosphäre. Bodennahes Ozon bildet sich unter Einwirkung der Sonneneinstrahlung aus den Ozonvorläuferstoffen, Stick-stoffmonoxid (NO) und Stickstoffdioxid (N02), sowie aus flüchtigen organischen Verbindungen (VOC).

Dadurch entsteht der sog. „Sommersmog", auch „Photosmog" genannt, wobei Ozon der wichtigste Bestandteil ist. Die Stickoxide und flüchtige organische Verbindungen kommen aus den Schloten der Industrieanlagen und aus den Auspuffrohren unseren Autos, auch wenn man sie wegfälschen möchte, sie sind trotzdem vorhanden und gefährden die Menschen in ihrer Gesundheit.

Ozon ist ein Reaktionsprodukt, also ein Sekundärschadstoff. Nahezu die gleichen Bildungsmechanismen, die am Morgen unter Sonneneinwirkung Ozon erzeugen, bewirken am Nachmittag, wenn die Sonnenkraft nachlässt, den Abbau des Ozons.

Sommersmog/Wintersmog

Diese Smogtypen unterscheiden sich wie folgt: Der Sommersmog zum. Beispiel der „Los-Angeles-Smog" entsteht, wie oben erklärt, durch Industrie und Autoabgase unter der Einwirkung starker Sonneneinstrahlung.

Der Wintersmog hingegen, zum Beispiel der „London-Smog" entsteht hauptsächlich durch eine hohe Konzentration von Schwefelstoffverbindungen und Staub, verbunden mit stabilen austauscharmen Luftschichten (Inversionswetterlage).

Beide Typen haben erhebliche umwelt- und gesundheitsgefährdende Auswirkungen. Die gesundheitsgefährdenden Wirkungen hängen zum einen von der Ozonkonzentration und zum anderen von der eingeatmeten Dosis und von anderen Faktoren ab.

Auswirkungen/Folgen

Ozon ist in starker Konzentration ein Reizgas, auf das Lebewesen sehr unterschiedlich reagieren. Beim Menschen ist die Altersgruppe mitentscheidend. Kinder und ältere Menschen werden stärker beeinträchtigt als andere. Personen, die Risikogruppen angehören (z.B. Lungenkranke, Asthmatiker), leiden besonders stark und müssen geschützt werden.

Etwa 10—15 % der Erdbevölkerung leiden permanent erhöhten Ozonkonzentrationen. Da das Ozon wegen seiner schlechten Wasserlöslichkeit tief in die Lunge eindringt, sollten körperliche Anstrengungen bei hohen Konzentrationen unterbleiben. Kinder sollten bei hohen Ozonkonzentrationen keinen Sport treiben.

Die Betroffenen klagen häufig über Augenreizungen, Trockenheit im Hals, Kopfschmerzen, Müdigkeit, Beeinträchtigung der Lungenfunktion. Oft werden diese Beschwerden gar nicht dem Ozon zugerechnet.
Schulsport sollten an Tagen mit hoher Ozonbelastung nicht durchgeführt werden.

Außerdem wirken sich Veränderungen in der Konzentration und Verteilung des Stratosphärischen auf die Temperatur und die Dynamik der Stratosphäre aus, wodurch die vertikale Temperaturverteilung Troposphäre und damit das globale Klima verändert wird.

Ozontransporte

Wind bringt Smogwolken aus Belastungsgebiete in die Reinluftgebiete. Der Abbau des Ozons erfolgt hier i. d. R. aber langsamer als in den Belastungsgebieten.
Ab den frühen Morgenstunden steigen mit den Auto- und Industrieabgasen Stickoxide (NO und N02) auf. Durch Sonneneinstrahlung wird aus dem Stickstoffdioxid atomarer Sauerstoff abgespalten, der sich mit Sauerstoff zu Ozon verbindet.

Verkehrskreislauf:
Da in den Reinluftgebieten weitgehend die Stickoxide fehlen, weil die Luft sauberer ist, und die Ozonvorläufersubstanzen in konzentrierter Form auf dem Land fehlen löst sich das Ozon allmählich wieder auf.

Die sog. Grüngebiete oder Reinhaltungsgebiete, können gegen den Ozontransport nichts ausrichten. Man wundert sich, in Reinhaltungsgebieten, woher die Ozonbelastung herkommt, wo doch auch den Straßen kaum Verkehr ist.

Grenzwerte

Um präventive Maßnahmen zum Schutz der Bevölkerung festzulegen, sind, bestimme Grenzwerte der Ozonbelastung erforderlich. Grenzwerte sind Vorsorgewerte, sie sollen den Menschen schützen und ihn nicht bevormunden. Die gesundheitlichen Risiken, der Bevölkerung bei erhöhter Ozonkonzentration auszuschließen, legt die 39. Bim SCHV Informations- und Schwellenwerte fest.

Da wohl wieder mit einem heißen Sommer zu rechnen ist, werden wie wieder hohe Ozonwerte bei bodennahem Ozon.

Die Gefahr für Kinder und Lungenkranke wird oft

fahrlässiger Weise unterschätzt. Vielleicht wird aber auch die Gefahr allmählich gebannt werden wenn die Elektromobilität in Deutschland zunimmt und niemand mehr vom Sommersmog redet.
Der Informationsschwellenwert von 180 Mikrogramm pro Kubikmeter (µg/m³), gemittelt über eine Stunde, dient dem Schutz der Gesundheit besonders empfindlicher Bevölkerungsgruppen.

Das Bild unten zeigt anschaulich den Bildungsprozess, des bodennahen Ozons und seine Einflüsse auf die Menschen.

Der Alarmschwellenwert von 240 µg/m³, gemittelt über eine Stunde, bezeichnet die Schwelle, bei deren Überschreitung ein Risiko für die Gesundheit der Gesamtbevölkerung besteht. Die meisten Zeitungen und das Internet veröffentlichen die aktuellen Ozonwerte, daran kann man sich orientieren.

Seit 2010 wurde durch die EU ein einheitlicher Belastungswert von 120 Mikrogramm pro Kubikmeter als acht Stunden Mittel festgelegt. Dieser Wert soll nicht mehr 25- mal im Kalenderjahr gemittelt über die Jahre erreicht werden.

„2001 wurde dieser Zielwert in Deutschland 39-mal überschritten. Diese Werte werden an rund 300 Messstellen in Deutschland überwacht. Wird eine Ozonkonzentration von 180 Mikrogramm pro Kubikmeter Luft festgestellt geben die Behörden Verhaltensempfehlungen. Bei einer Konzentration 240 geben sie Ozonalarm. Oft wird aber leider beim Überschreiten des Schwellenwertes nicht oder nicht rechtzeitig alarmiert.

Da rund 70% der Ozon-Vorläuferstoffe, durch gewerblichen und privaten Straßenverkehr verursacht werden, liegt natürlich das Hauptminderungspotenzial, die Maßnahmen, die Vorläuferstoffe drastisch zu reduzieren.

Das erreicht man allerdings nicht, wenn man unzulässige Abschaltvorrichtungen in die Fahrzeuge einbaut, die Käufer im Glauben lässt, sie hätte etwas Gutes für die Umwelt getan zumal eventuelle Minderungen durch die Zunahmen des Straßenverkehrs, wieder zunichtegemacht werden. Der Abgasskandal hat nicht nur die gutgläubigen Käufer getäuscht, sondern darüber hinaus einen großen Image- und Umweltschaden verursacht. Unterm Strich ist es wohl besser sein Auto hin und wieder in der Garage, zu lassen, da viele Autokäufer getäuscht und betrogen wurden.

Sollte es tatsächlich doch noch gelingen, schadstoffarme und kraftstoffsparende Autos auf den Markt zu bringen, könnte es neben anderen innovativen Maßnahmen und gesetzlichen Regelungen, doch zu der notwendigen und dringend gebotenen Reduzierung der Luftschadstoffe kommen.
Es macht auch keinen Sinn auf die Deutsche Umweltstiftung herumzuhacken. Die Umweltstiftung ist nicht daran schuld, dass die Luftreinhaltepläne, die den Städten nicht eingehalten werden. Die Grenzwerte gelten ab 2010. Es war genug Zeit, für saubere Luft in den Städten zu sorgen. Wenn die deutsche Umweltstiftung, jetzt gegen die Städte klagt, bei denen die Luft nicht sauber ist, ist das ein Akt der Gesundheitsvorsorge und dient dem Schutz des Menschen.
Man kann das auch als Notwehr bezeichnen, da einfach jahrelang, wissenschaftlich belegte Fakten ignoriert und nicht genug unternommen wurde, für saubere, nicht gesundheitsgefährdende Luft in den Städten zu sorgen.

Nicht die Deutsche Umweltstiftung gehört auf die Anklagebank, sondern eher die Entscheidungsträger, die die Menschen im Stich gelassen haben. Wir sollten daran decken, dass das Ozon in der Stratosphäre eine lebensnotwendige, existenzfördernde Funktion für die Menschen, Tiere und Pflanzen erfüllt. Der Mensch allein ist dafür verantwortlich, dass die Ozonosphäre in ihrer schützenden Funktion erhalten bleibt und die ozonabbauenden Stoffe für immer verbannt werden.

Der Mensch hat es selbst in der Hand. Er muss handeln.

Die Ozonproblematik sollte hier nur als allgemeiner Überblick dargestellt werden, um darauf aufmerksam zu machen. Bodennahes Ozon kann bei Schönwetterlagen jederzeit auftreten und ist nicht zu verhindern. Im Internet findet der interessierte Leser weiterführende Literatur.

Wenden wir uns noch kurz einer weiteren Frage zu, wie die klimarelevanten Spurengase nachhaltig reduziert werden können und was noch zu tun ist, um die selbst gesteckten Ziele erreichen zu können. Es ist also unbedingt erforderlich, die klimarelevanten Spurengase drastisch zu beschränken, dazu kann jeder in seinem Bereich beitragen.

Obwohl das bodennahe Ozon etwas in Vergessenheit geraten ist, greif es weiterhin die Lungen der Menschen an und muss deshalb ständig überwacht werden.

Das Bild unten zeigt, den CO2 Ausstoß nach Sektoren. Dabei wird deutlich, dass die Energiewirtschaft, mit 37,8 % den größten Anteil an den Emissionen hat.

Deshalb müssen wir uns alle bemühen, jeder in seinem Bereich die Emissionen zu reduzieren. Die Spurengase haben in der Atmosphäre zum Teil eine Verweildauer von bis zu 200 Jahren.

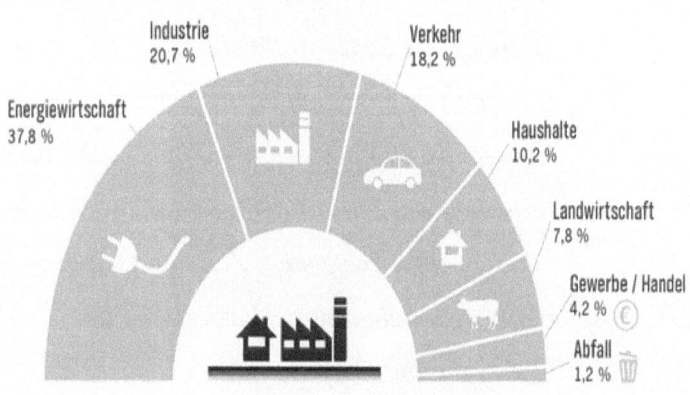

9. Reduzierung klimarelevanter Spurengase

Reduzierung klimarelevanten Treibhausgase, ist die richtige und wichtige Zielrichtung aller Nationen, da scheint man jetzt endlich erkannt zu haben. Klimawirksam sind demnach alle Treibhausgase, die sich negativ auf das Klima und den Umweltbedingungen auswirken. Die meisten Treibhausgase können einen natürlichen, aber auch einen anthropogenen (menschengemachten) Ursprung haben.

Treibhausgase nach dem Kyoto-Protokoll vom 11. Dezewmber1997 sind: Kohlenstoffdioxid CO_2 auch Kohlendioxid Methan CH_4 Distickstoffoxid (Lachgas) N_2O Teilweise und vollständig halogenierte Fluorkohlenwasserstoffe (HFKW/HFC), perfluorierte Kohlenw asserstof fe FKW/PFC), Schwefelhexafluorid Seit 2012 kam auch noch Stickstofftrifluorid (NF_3) als zusätzliches Treibhausgas reglementiert. Dazukommen fluorierte Treibhausgase (F-Gase), da diese aufgrund ihrer hohen Verweildauer in der Atmosphäre ein hohes Treibhauspotenzial besitzen. Die anderen ozonabbauenden Treibhausgase sind bereits im multilateralen Umwelt-Montreal-Protokoll völker-rechtlich geregelt.

Die Weiteren zum Treibhauseffekt beitragende Stoffe wie. Wasserdampf, Ozon, Wolken, Aerosole, Rußpartikel, habe ich oben schon erwähnt.

Nach dem Kyoto-Protokoll haben sich Unterzeichnerstaaten verpflichtet, die oben aufgeführten Treibhausgase zu reduzieren.

Deutschland hat sich verpflichtet, seine Treibhausgas-emissionen im Durchschnitt der Jahre 2008 bis 2012 um 21 Prozent unter das Niveau von
1990 zu senken. Für die Zeit bis 2020 hat sich Deutschland das Ziel gesetzt, den Treibhausgas- ausstoß um 40 Pro-zent gegenüber 1990 zu senken, bis 2030 um 55 Prozent, bis 2040 um 70 Prozent und bis 2050 um 80 – 95 Prozent.

Tatsächlich aber verharren in den Jahren bis 2012 auf einem konstanten Niveau. Auch die besteckten Ziele für 2020 scheinen nicht erreichbar.

Bei der Reduzierung der anderen Treibaus- gase sieht die Bilanz etwas besser aus.

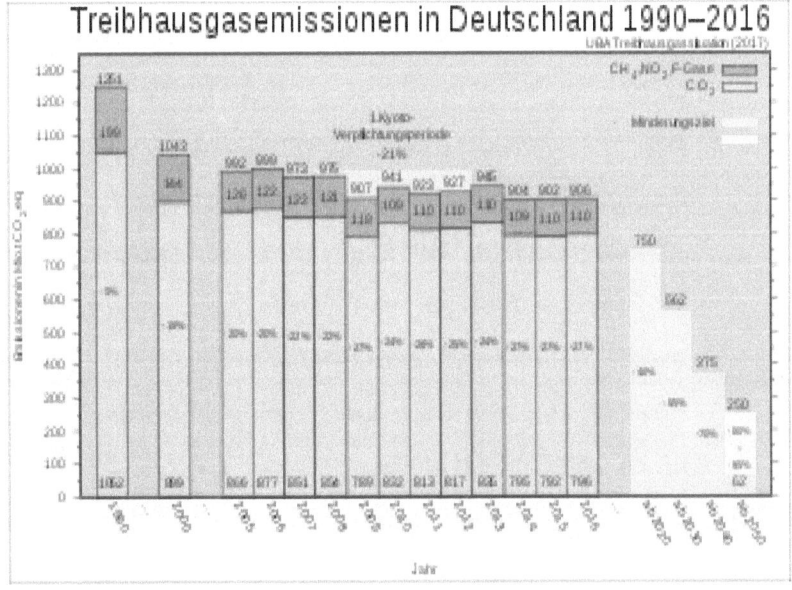

Entwicklung der Treibhausgasemissionen in Deutschland.
Der Stand ist fast unverändert.

Die Europäische Union liegt vor China und hinter den USA mit 4228 Mio t., CO2, an zweiter Stelle, der potenziellen Luftverschmutzer. Das entspricht einem weltweiten Anteil der Emissionen von 14,3 %.
Und die Jugendlichen, die jetzt auf die Straße gehen, haben natürlich recht, wenn sie fordern, endlich die Klimaziele in die Tat umzusetzen. Allerdings sollte man nicht das Kind mit dem Bade ausschütten. Es muss alles im Konsens in Rahmen konzertierter Aktion vor-angebracht werden. Nur dann, wenn eine breite Basis besteht, werden die erforderlichen Ziele erreicht werden können. Wenn die Bevölkerung nicht mitgenommen wird und Aktivisten sich auf der Straße festkleben und der Verkehr zum Erliegen, und so mancher zu spät zur Arbeit kommt, wird damit genau das Gegenteil erreicht. Die Menschen haben genug und wollen nichts von Umwelt hören.
Das wäre eine fatale Entwicklung und ein

schlechtes Signal. Es gibt aber auch die anderen jungen Menschen, die innovative Ideen entwickeln, so wie ich es oben dargestellt habe. Die Erde wird nicht untergehen. Was der Homo- Sapiens angerichtet hat, wird er selbst auslöffeln.

Es ist noch viel zu tun. Die Zeit drängt. Wir dürfen nicht länger verweilen.

Übrigens, das wird erstaunen, hat die Amerikanerin Eunice Newton Foote, schon 1856 Experimente mit Kohlendioxid durchgeführt. Sie gilt als Forscherin und Wissenschaftlerin auf dem Gebiet der Atmosphärenchemie. Mitte des 19 Jahrhunderts bewies sie bereits, dass sich einen hohe Kohlenstoffdioxidkonzentration, höhere Temperaturen bewirken: Sie entdeckte wichtige Komponenten des Treibhauseffekts.

Wir konnten es schon lange wissen. Was haben wir die ganzen Jahrzehnte getan. Hallo, endlich aufwachen.

Noch ein wichtiges ungelöstes Problem möchte ich zum Schluss noch kurz ansprechen. Es geht um die Entsorgung von Klärschlämmen und Gülle. Gewiss kein appetitliches Thema, aber notwendig darauf hinzuweisen.

Da die Bevölkerung rasant wächst und immer mehr Nutztiere gehalten werden müssen, um den

Bedarf an Fleisch und Milch zu decken, nimmt auch der Entsorgungsberg, an Klärschlämmen und Gülle ständig zu. Man weiß nicht mehr, wo man diese Massen ausbringen kann.

Unsere Ernährung, produziert mehr als ein Viertel der schädlichen Treibhausgase. Der Großteil der landwirtschaftlichen Nutzflächen, der der Fleischproduktion. Dabei entsteht nicht nur Fleisch, sondern in großen Mengen auch tierische Exkremente. In vielen Teilen der Welt insbesondere in China steigt der Fleischkonsum.

In der EU- hat sich die Entwicklung abgeschwächt, weil auch die Bedenken um die Ernährung und dem Tierwohl, mehr in das Bewusstsein der Menschen gerückt sind. Der Pro-Kopf - Verzehr lag bei 68,6 Kilogramm, im Jahr und ist, bezogen auf die Bevölkerungszahl, immer noch hoch.
Nicht nur die Menschen, möchten essen, sondern auch das Vieh.

Um eine Zahl zu nennen: Rindfleisch imitiert 31x mehr CO2 als die Produktion von Tofu. Natürlich werde ich deshalb nicht zum Tofufan werden, aber die Zahl ist doch beeindruckend und gibt Grund darüber einmal ernsthaft nachzudenken.
Mit Problem der Klärschlämme und der Gülle, in Hülle und Fülle, müssen wir uns auch

beschäftigen.

10. Klärschlämme

Klärschlämme

Klärschlämme entstehen bei der Abwasserreinigung. Abwasser ist zum einen Schmutzwasser, Regenwasser und Fremdwasser, also alles Wasser, was in die Kanalisation gelangt. Manchmal auch unnötigerweise, wenn kein Getrenntsystem existiert.

Dieser Abwasserabfall besteht aus organischen und mineralischen Stoffen. Und kann in gelöster und fester Form vorliegen. Dieser Abfallcocktail aus häuslichen oder industriellen Schmutzwässern, muss nun wieder aufwendig unter Einsatz von Chemie gereinigt und von Schweb- und Schadstoffen befreit werden. Hierfür stehen verschiedene Reinigungsmethoden (chemisch, biologisch) zur Verfügung. Schließlich entstehen aus den herausgefilterten Stoffen Klärschlämme, die unter ganz bestimmten strengen Auflagen entsorgt oder verwertet werden müssen.

Nach der Entwässerung und Trocknung kann der Klär- schlamm unter bestimmten Auflagen, als Düngemittel verwendet oder der thermischen Verwertung zugeführt werden.

Der Klärschlamm kann auf diese Weise in Pflanzbeeten vererdet werden. In manchen Fällen bleibt aber nur die Deponierung übrig. Hierbei sind die Regelungen der Klärschlammverordnung zu beachten.

Für die Ausbringung auf Agrarflächen ist nach der Klärschlammm -Verordnung ist ein bestimmtes Zeitfenster zu beachten und einzuhalten. Darüber hinaus dürfen Klärschlämme nicht auf Dauergrünlandflächen sowie auf Obst oder

Gemüseanbauflächen ausgebracht werden. Verschiedene Flächen sind also tabu und das enge Ausbringungsfenster machen den Landwirten zu schaffen.

Danach dürfen Klärschlämme, nur während einer bestimmten Zeit ausgebracht werden. Die Einzelheiten der Ausbringung auf landwirtschaftliche Flächen, die Belastung der Böden durch Schwermetalle und andere Kriterien werden durch eine Klärschlammverordnung, im Einzelnen geregelt.
Es zeichnet sich ab, dass die thermische Verwertung, immer häufiger angewendet werden muss, denn die Böden sind bereits mit Schwermetallen und chemischen Rückständen u a PFC überlastet und nehmen den Dünger nicht mehr auf. Zum anderen gelangen immer mehr Bodenschadstoffe in die Böden.
Die Bundesboden- und Altlastenverordnung (BBod SchV) gibt bestimmten Schwellenwerte zu, die nicht überschritten. Werden, dürfen.
Auch Tiere und Pflanzen dürfen mit diesen Schadstoffen nicht in Berührung kommen. Weizen und Mais beispielsweise nehmen Schwermetalle unterschiedlich auf und lagern sie in die

Pflanzenteile ein. Deshalb müssen Kontaminierungen streng überwacht werden.

11. Gülle

Gülle ist zunächst ein Wirtschaftsgut und darf als Wirtschaftsdünger. Die Gülle darf je nach Beschaffenheit ausgebracht werden.
Da bedingt durch die Massentiertierhaltung, auch sehr viel Gülle anfällt, die ebenfalls umweltgerecht entsorgt werden muss, stehen wir vor einem weiteren schwer zu lösenden Problem .26, 1 Millionen und 11,6 Millionen Rinder Stand 2020 vom Statischen Bundesamt, produzieren gewaltige Mengen von Gülle.
Da das Zeitfenster für die Ausbringung von Gülle

als Wirtschaftsdünger begrenzt ist und sich die Güllemenge stetig erhöht, besteht hier ein ernstes Problem, wie die Exkremente der Nutztiere umweltgerecht gelagert und entsorgt werden können:

Gülle in Hülle und Fülle.

Schweine und Rinder in Deutschland produzieren allein jährlich mehr als 200 Millionen Tonnen Gülle. Tendenz steigend.

Im Jahr wurden weltweit 1,5 Milliarden Rinder und 967 Millionen Schweine gehalten. Alle erzeugen Gülle und die Wiederkäuer zusätzlich auch große Mengen Methan.

Insgesamt produzieren die Rinder, Schweine und Hühner 200 Millionen Liter Gülle und Mist im Jahr. Diese große Menge muss entsorgt werden, entweder in die Böden. Wir sprechen von einem Gülle-Notstand, denn die Güllegruben drohen über zu laufen. Die Lagerkapazitäten stoßen an ihr Ende.

Zwischenzeitlich ist ein regelgerechter Güllehandel, Gülletourismus entstanden. Gülle wird an Güllebanken und Güllebörsen gehandelt.

„Du kannst mir doch noch etwas abnehmen, euer Nitratgehalt, ist ja noch nicht zu hoch."

Da die Gülle wegen der Bodenbelastung durch

Schwermetalle, nicht das ganze Jahr ausgebracht werden darf, um den Böden eine Erholungsphase zu gönnen, muss nach anderen Verwertungsmöglichkeiten gesucht werden. Deshalb wird die Gülle neben dem Einsatz als Wirtschaftsdünger auch für die Biogaserzeugung genutzt. Diese Nutzung wird an Bedeutung gewinnen, da wir ja von den fossilen Brennstoffen Abschied nehmen.

Durch das übermäßige Ausbringen werden insbesondere, die oberflächennahe Grundwasserleiter, massiv durch Nitrat kontaminiert. Durch die Intensivtierhaltung, werden nicht nur großen Mengen Fleisch, sondern auch gewaltige Mengen an Gülle produziert. Auch der Fleischkonsum in Deutschland ist gestiegen. Jeder Deutsche verbraucht in seinem Leben im Schnitt zwischen 635 und 715 Tiere. Vielleicht sollten wir mal darüber nachdenken, unseren Fleischkonsum etwas zu reduzieren, denn es ist immer der Mensch, der die Umweltprobleme verursacht und sie nicht aus der Welt schafft. Das ist unverantwortlich.

Lassen wir es hiermit bewenden, obwohl die Gülle weiterhin ein großes Problem bleibt, auf das ich aufmerksam machen wollte.

Gülleausbringung aufs Grünland.
(www.wikipedia.de, gemeinfrei)

Es ist nicht nötig, das Thema weiter zu behandeln, denn es ist wohl klar geworden, um was es hier geht.
Aber ein weiteres Problem, oft unsichtbares, aber dennoch existierendes Thema, hat die Gemüter in den letzten Wochen sehr bewegt.
Es geht, um die Feinstäube, von denen ich oben schon kurz gesprochen habe.

12. Feinstäube.

Der Blick auf die Feinstäube, die man nicht sieht, ist in letzter Zeit verstärkt worden.
Feinstäube sind ein Teil des Schwebstaubes. Dabei handelt es sich um „alle von Luft umgebenen Partikel, in einem ungestörten Luftvolumen. Schwebstoffe haben eine Relevanz beim Arbeitsschutz als Belastung am Arbeitsplatz. Schwebstaub kann sich als Staubniederschlag, in verschiedenen Formen äußern und die Menschen belasten.

Wie die Stäube gemessen werden, ist hier nicht relevant, sondern die Einwirkungen auf die Gesundheit, sind hier mehr von Bedeutung. Auch wenn man die Stäube nicht sieht, können sie dennoch gesundheitsgefährdend sein.
Es gibt verschiedene Verursacherquellen. Allein der Straßenverkehr trägt mit 42000t/-Jahr zur Feinstaubbelastung bei. Die Privathaushalte steuern mit 33000t/Jahr zum Feinstaubaufkommen bei.
Insgesamt ergibt eine Menge von 205000t/-Jahr. Die Belastung durch Feinstäube, insbesondere in den Städten, soll in den nächsten Jahren spürbar verbessert werden. Manchmal helfen eben nur Fahrverbote, sei es auch nur vorübergehend. Natürlich geht es nicht nur um die Feinstäube in den Städten, sondern auch in den Innenräumen. Die Stäube in den Städten und Innenräumen müssen gleichermaßen reduziert werden, wobei nach Partikelgröße unterschieden wird.
Dabei hat sich herausgestellt, dass die Feinstaubbelastung in den Ballungsgebieten besonders hoch ist. Das ist aber eigentlich keine Überraschung, sondern zeigt vielmehr, dass besonders in den Ballungsgebieten, eine besondere Aufgabe besteht, die Luft reinzuhalten.
Die Hauptverursacher sind nun mal die durch den

zunehmenden Straßenverkehr verursachten Emissionen, insbesondere Dieselruß und Reifenabrieb. Und so werden die Grenzwerte regelmäßig überschritten.

Kleine Partikel, von der Größe PM 2,5 (2,5 Mikrometer lungengängig), können laut Umweltbundesamt in die Bronchiolen und Lungenbläschen vordringen und die ultrafeinen Partikel von der Größe 0,1 sogar ins Lungengewebe und in die Blutbahn. Darüber hinaus bestehen beim Einatmen vor Feinstäuben weitere gesundheitliche Probleme.

Es geht im Wesentlichen, um die inhalierbaren Stäube. Dazu gehört beispielsweise Zigarettenrauch, mineralische Stäube, Kohlenstaub, Holzstaub, Pollen und Pilzsporen und weitere Stäube. Insbesondere sollen die eigentlich ist es für die Menschen unerheblich, ob nun in Fein- oder Grobfraktion bei den Feinstäuben unterschieden wird, wichtig ist doch nur, dass die gesundheitlichen Gefahren, die von diesen Stäuben nachweislich ausgehen, endlich gemindert werden. Auch Böller tragen zur Feinstaubbelastung bei. Die Belastung in Innenräumen wurde durch das Rauchverbot, gehindert.

Holzheizungen emittieren prinzipbedingt mehr Feinstäube, polyzyklische, aromatische Kohlenwasserstoffe (PAK) und Ruß als Gas- oder Ölheizungen vergleichbarer Leistungen. Das wird leider oft verschwiegen. Gehört aber zur Wahrheit dazu. PAK entsteht bei unvollständiger Verbrennung von organischen Stoffen. Leider gibt es immer noch zu wenige Messstellen, oder sie werden bewusst dort installiert, wo wenig Stäube, auftreten.

Diese Stoffe können das Erbgut schädigen, sind krebserregend und besitzen fortpflanzungsgefährdende Eigenschaften. Die Stoffe werden in der Umwelt schlecht abgebaut, wie das Umweltbundesamt in ihrem Hintergrundpapier vom Januar 2016 publiziert hat.

Es handelt sich, um Problemchemikalien, die unsere Beachtung verdienen.

Jeder kann sich heute aus verschiedenen Quellen, u.a. auch aus dem Internet, selbst ein konkretes Bild machen, welche gesundheitlichen Gefahren von den Feinstäuben ausgehen.

Die Menschen haben ein Grundrecht auf saubere Luft.

Um Abschluss unserer kleinen Exkursion durch unsere och zu lösenden Umweltproblemen, noch ein paar umweltrelevante Fakten und Daten, die in der Diskussion wichtig sind und die immer wieder genannt werden.

13. Umweltrelevante Fakten und wissenschaftliche Aspekte nach dem derzeitigen Stand.

Einige umweltrelevante Fakten in Kurzform, die sich nicht nur auf das Thema CO_2 beziehen, sondern allgemein verschiedene Umweltthemen *behandeln. Hier wird nur der derzeitige Zustand beschrieben.*

1. In den letzten 300 Jahren hat die menschliche Population um das Zehnfache zugenommen und liegt zurzeit bei sieben Milliarden und wird bis zum 21. Jahrhundert die Zehn-Milliarden-Grenze erreichen. Wie können alle Menschen ausreichend ernährt werden.
Wie kann die Grundsicherung gewährleistet werden. Wie ein menschenwürdiges Leben sichergestellt werden. Wir müssen uns mit diesen Problemen beschäftigen, denn sie kommen auf uns zu.

Unter Welthunger wird eine Lage beschrieben, bei denen Menschen längerfristig an Unter- oder Mangelernährung leiden. Was Hunger ist, wie man ihn spürt, wird unter- schiedlich, je nach Lebenssituation wahrgenommen. Beim Hunger in den armen Regionen fehlen zudem wichtige Energie, Protein und Vitaminstoffe.
Die Ursachen sind oft politischer Natur, beispielsweise Kriege, oder soziale Konflikte und ökonomische Probleme. Auch die Welthandelsstrukturen, mit der Dominanz der

Industrieländer, ist ein weiterer Faktor, der mit für den Welthunger verantwortlich ist.
Natürlich auch Pandemien und Krankheiten.
Weltbevölkerung nimmt zu.
Agrarflächen nehmen ab.
Wüsten nehmen zu.
Überschwemmungen häufen sich.
Erosionen schreiten fort.
Verteuerung der Lebensmittel.
Die Nahrungsmittelproduktion muss bis zu diesem Zeitpunkt verdoppelt werden. Gute Nachrichten fehlen.

Massentierhaltung

Die Anzahl der methanproduzierenden Rinder ist auf 1,4 Milliarden gestiegen. Starke Nachfrage nach Fleisch. Massentierhaltung. Methan hat als Treibhausgas ein hohes Treibhauspotenzial und trägt wesentlich zur Erderwärmung bei. (Treibhauseffekt) Methan hat den Faktor 33, d. h., eine Einheit Methan entspricht 33 Einheiten Kohlenstoffdioxid. Der Prozess wird sich durch das Auftauen der Permafrostböden und den Verlust anderer Methanspeicher, zum Beispiel Moore weiter verstärken.

Etwa 40-50 % der Erdoberfläche, wird heute bereits von Menschen ausgebeutet. Der Mensch tötet mehr Tiere und verbraucht mehr Ressourcen, als der Planet Erde regenerieren kann. Damit zerstört der Homo sapiens, selbst seine Lebensgrundlagen. Das würde ein Tier niemals tun. Tiere zeuge nur so viel Nachwuchs, wie auch ernährt werden kann Im Jahr 2030 brächten wir bereits, eine zweite Erde. Der Mensch ist gieriger als Tiere.

Die tropischen Regenwälder werden zunehmend vernichtet. Stichwort Palmöl. Durch die skrupellose Abholzung, der CO-2-Speicher, werden großen Mengen CO 2 Mengen freigesetzt. Brandrodungen, vernichten Flächen so groß wie das Saarland.
Das Artensterben wird beschleunigt. Orang-Utan und andere seltene Arten verlieren ihren Lebensraum.
Darüber hinaus kommt es zunehmend nicht nur in Brasilien zu illegalen Abholzungen, um die Hungergier nach Holz zu stillen. Jedes Jahr wird Wald

in der Größe von Dänemark abgeholzt. Durch illegale Rodungen geht mehr Holz verloren als durch den Borkenkäfer.

5. Über die Hälfte des verfügbaren Trinkwassers wird vom Menschen genutzt. Trinkwasser ist ein kostbares Lebens-mittel. Der Anteil des Süßwassers am Gesamt-wasserhaus-halt, beträgt nur 2.6-3,5% der gesamten Wassermenge auf der Erde. Ein erheblicher Anteil ist in Gletschern und Polkappen gebunden. Dieses, bisher gebundenen Süßwasser geht aber immer mehr, durch das Abtauen der Gletscher und Polkappen verloren. Wir müssen uns die Frage stellen, wie sichergestellt werden kann, dass alle Menschen auf der Welt über sauberes Trink-wasser verfügen können. Dazu müssen Technologien entwickelt werden, dass Salzwasser der Ozeane als Trinkwasser zu nutzen. Trinkwasser ist als Lebensmittel ein kostbares Gut.

Allein in Afrika haben über 800 Millionen Menschen keinen Zugang zu sauberem Wasser, dies zeigt die Größe der Aufgabe. Mit Meerwasserentsalzungsanlagen wird versucht Trinkwasser aber auch vor allen Dingen Betriebswasser zu gewinnen. Die gerechte Verteilung von Trinkwasser, wird in der 2

Speichernächsten Zeit die Hauptaufgabe der Politik sein. Wir merken auch bei uns, dass es enger wird.

Satellitendaten zeigen, dass Deutschland in 20 Jahren Wasser im Umfang des Bodensees verloren hat. Am Weltwassertag wurde wieder deutlich, dass weltweit zwei Milliarden Menschen, keinen regelmäßigen Zugang zu sauberem Wasser haben.

Wir verbrauchen jeden Tag pro Kopf 127 Liter. Wasser ist auch oft Abwasser.

Dieses Abwasser wird systematisch auf SARS-CoV-2 Viren untersucht, um neben der Virenfracht zusätzliche Informationen zur Verbreitung des Erregers und zu zirkulierenden Virusvarianten in einer geografischen Region zu gewinnen.

Erhöht sich die Virenfracht, ist das ein Anzeichen, dass sich die Pandemie wieder erhöht.

Die Fischerei entnimmt den Meeren über 25 % der primären Produktion. In Küsten-nähe sind es sogar 35%. Die Menschen sind dabei, unsere wichtigste Nahrungsquelle, die Fische, für immer zu vernichten, wobei das Ökosysteme der Meere, zusätzlich durch andere Negativeinflüsse beeinträchtigt wird. Manche Fischarten sind bereits in ihrem Bestand bedroht. Deshalb wird in Zukunft, nur noch eine nachhaltige, kontrollierte Fischerei möglich sein. Einige Fischarten werden eine Zeitlang nicht gefangen werden dürfen.

Der Energieverbrauch hat sich im Verlauf des „20 Jahrhunderts versechtzehnfacht. Das Bundesumweltamt schätzt, dass sich in Deutschland Standby-Kosten zu einer Summe von 4 Mrd. Euro jährlich addieren! Das entspricht im Durchschnitt etwa 80-100, - Euro pro Haushalt im Jahr.

Schwefeldioxid liegt mit 160 Millionen Tonnen doppelt über den natürlichen Emissionen. Saurer Regen, Luftverschmutzung.

Smartphones haben eine verheerende Ökobilanz, weil seltene Erden verwendet werden. Der Abbau von seltenen Erden erfolgt über Säuren, mit denen die Metalle aus den Bohrlöchern gewaschen werden. Der dabei vergiftete Schlamm bleibt zurück. Neben dieser Gefahr für das Grundwasser besteht ein permanentes Risiko für das Austreten von Radioaktivität, da viele seltenen Erden radioaktive Substanzen enthalten.

Der größte Teil der seltenen Erden stammt aus China. Wir sind aufeinander angewiesen. Ein Handelsboykott mit China hätte auch für unsere Wirtschaft negative Folgen. Auch hier haben wir uns sehr abhängig gemacht. Wir werden China noch lange brauchen.

Große Mengen Stickstoff, der als Dünger in den Boden gelangen, um noch mehr Ertrag zu erzielen, führen zur Überdüngung. Die natürlichen Emissionen werden auch beim Stickstoffmonoxid, im Rahmen der Verbrennung fossiler Brennstoffe, weit überschritten. Auf die Folgen einer Eutrophierung habe ich schon hingewiesen.

Der Ausstoß von Kohlenstoffdioxid und Methan hat zu einem substanziellen Anstieg, der klimarelevanten Spuren-gasen geführt. Die Konzentration in der Atmosphäre ist heute höher als zu irgendeinem Zeitraum, während der letzten 400 Jahrtausende.
Wobei der Höhepunkt wohl noch nicht erreicht ist, denn es wird sehr viel Energie benötigt und die erneuerbaren Energien sind noch nicht so weit, um

100% Ersatz, die fossilen Brenn- und Produktionsstoffe verdrängen zu können. Es werden nebenher, immer noch Kohlekraftwerke benötigt werden.

Die Durchschnittstemperatur hat sich erhöht. Die Erderwärmung hat zugenommen. Bis zum Ende dieses Jahrhunderts kann die Durchschnittstemperatur bis plus 4,5 Grad Celsius ansteigen. Dann wäre die Erde unbewohnbar. Selbst wenn der Anstieg nur bei 1,5 Grad Celsius liegen würden, hätte das bereits verheerende Folgen. Die 1,5 Grad bedeuten in den Alpen bereits, bedingt durch die mangelnde Reflektion der Gletscher statt 1,5 schon 2,3 Grad. Das ist bereits unumkehrbar und wird über Jahr-zehnte so bleiben. Darauf müssen wir uns einstellen.

Die globale Gemeinschaft muss sich sehr anstrengen, um das 1,5 Grad Ziel zu er-reichen Der Sommer 2022 brachte mit Temperaturen von über 40 Grad einen neuen Hitzerekord. Dieser Trend, soll sich nach Meinung der Wissenschaft fortsetzten. Deswegen wird auch unbedingt, ein Um-bau der Städte mit mehr Grün und Kühlung, in den nächsten Jahren dringend erforderlich sein.

Wirbelstürme, Orkane, Tornados, Hurrikans, Taifune und Zyklone nehmen zu und gefährden Menschen und Material.

Bedrohung der Biodiversität. Es geht, darum die biologische Vielfalt zu erhalten. Den Rückgang der biologischen Vielfalt, wird von uns meist kaum wahrgenommen. Viele Faktoren, die oben erwähnt wurden, tragen leider mit dazu bei, dass Biodiversität abnimmt.

Leider ist auch festzustellen, dass sich das Artensterben verstärkt, so als wenn wir keine Mechanismen hätten, diesen Trend aufzuhalten, weil dieses Artensterben haupt-sächlich vom Menschen verursacht wird. Die Zusammenhänge zwischen Artensterben und Menschsein, werden uns erst bewusst, wenn es schon zu spät ist. Eine Menschheit ohne Nutztiere, dazu gehören auch de Bestäuber, wäre nicht überlebensfähig, weil es für alle Menschen auf der Erde nicht genug nichttierische Nahrung gibt, um alle ausreichend ernähren zu können.
Gesetzlich wurde viel beschlossen, die Um-setzung

ist da Problem. Wir müssen uns schnell kümmern.

Zusammenbruch der thermohalinen Zirkulation des globalen Förderbandes im Nordatlantik. Es geht hier um das globale Förderband der Meeresströmungen der Ozeane, die sich miteinander zu einem globalen Kreislauf verbinden. Durch die Eisschmelze an den Polkappen wird vermehrt Süßwasser in die Meere gespült. Dadurch verändert sich der Salzgehalt, was die Dynamik, beispielsweise des Golfstroms beeinträchtigen oder zum Stillstand bringen kann. Dann droht eine neue Eiszeit.

Bei allen berechtigten Beanstandungen und Klagen, darf nicht außer Acht gelassen werden, dass es nicht nur eine umweltpolitische Verantwortung der Akteure und Entscheidungsträger gibt, sondern auch soziale und ökologische Aspekte, die ebenfalls zu berücksichtigen sind. Es ergeben sich Problemfelder, die oft nur schwer zu lösen sind.

Treibhauseffekt. Wirkung der Treibhaus-gase Kohlenstoffdioxid, Methan, Distickmonoxid,

Fluorkohlenwasserstoff, Schwefelhexalfluorid, Stickstofftrifluorid und weitere zum Treibhauseffekt beitragende Stoffe wie, Ozon, Wasserdampf, Wolken, Rußpartikel und Aerosole in den Atmosphären. Wie müssen die Atmosphäre schnell entlasten, aber das wird nicht leicht sein, denn die Treibhausgase haben eine hohe Verweildauer in der Atmosphäre. Vor 200 Jahren hat niemand wissen können, dass das, was aus dem Schlot kommt, Generationen später zu einem Problem wird.

Artensterben man könnte auch Aussterben sagen:
>*Ich möchte mich nicht an Spekulationen beteiligen, wie viel Arten täglich aussterben. Das kann wohl kein Mensch ernsthaft beziffern. Tatsache ist aber und dass merkt doch jeder, dass die Arten zum Teil dramatisch zurückgehen. Man denke nur an die Fluginsekten.*

Nicht nur die Bienen bestäuben, sondern auch ein erheblicher Teil, von Käfern, sie sind alle nützlich. Die Tiere tragen kein Etikett, „nützlich", oder „schädlich". Diese Kategorisierung hat der Mensch vorgenommen, in der Natur gibt es sie nicht.

Mikroplastik: Ein Großteil unserer Klei-dung enthält Kunststoffe. Bei jedem Wasch-gang gehen Synthetik Fasern verloren. Allein bei uns, gelangen so 400 Tonnen Kleinst-partikel ins Grundwasser. Durch den Abrieb von Autoreifen und durch Verwendung bestimmter Kosmetika, zum Beispiel Peeling- Gel, gelangen bei uns jedes Jahr geschätzte 330 000 Tonnen Mikroplastik in die Umwelt.

Ökobilanzen auch Lebenszyklusana-lysen.: Papiertüten beispielsweise, haben eine schlechtere Ökobilanz als Plastiktüten. In verschiedenen Ökobilanzdatenbanken nachgelesen werden. Ökobilanzen dienen der Projekt-bewertung, zum Beispiel ob für ein Produkt, die Vergabe des „Blauen Engel" infrage kommt.

Feinstäube können allgemein als Schwebstäube angesehen werden. Dabei ist hier im Moment nicht relevant, nach welchen Kategorien die Stäube eingeteilt werden und welche Wirkungen sie auf die Gesundheit haben. Allerdings kann man festhalten, dass ältere Menschen, lungenkranke Menschen und Kinder, unter den Stäuben besonders stark leiden. Bei den festgelegten Grenzwerten handelt es sich um Vorsorgewerte, gemäß dem Vorsorgeprinzip.

Ökologische Rucksäcke sind die sinnbildliche Darstellung, des Verbrauchs an Ressourcen, zur Herstellung und Gebrauch, sowie der Entsorgung eines Produktes oder einer Dienstleistung eingesetzt wird.

Wer Erdbeeren im Winter kauft oder beispielsweise Wein aus Chile, muss wissen, dass diese Produkte, einen großen ökologische Rucksack mit sich herumtragen (hohe Transportkosten). Um ein Kilo Gold zu gewinnen, müssen 350 000 Kilo Erdreich bewegt werden, hinzukommen hohe gesundheitliche Gefahren.

Ökologischer Fußabdruck: Unter dem ökologischen Fußabdruck wird die biologisch produktive Fläche auf der Erde verstanden, die notwendig ist, um den Lebensstil und Lebensstandard eines Menschen (unter den heutigen Produktionsbedingungen) dauerhaft zu ermöglichen.

Wasserverbrauch. Der Verbrauch an Trinkwasser liegt bei uns, bei 127 pro Kopf und Tag. Dabei werden etwa 33 Liter allein für die Toilettenspülung verwendet. In Indien insgesamt nur 25 Liter In Dubai 500 Liter am Tag.

1.

Wasserverbrauch heißt bei uns auch gleich immer: Abwasser. Man kann auch feststellen, dass der Wasserverbrauch, ungerecht verteilt ist. Es wird Konflikte, um eine gerechte Verteilung geben, aber wir leben noch im Luxus.
Und noch eine unnötige Verschwendung muss hier erwähnt werden, und zwar das Abpumpen von Grundwasser zur Förderung von Braunkohle. Dieser Eingriff gefährdet den Wasserkreis-lauf. Die Trinkwassergewinnung wird erschwert, der Grundwasserspiegel sinkt sich, die Felder bleiben trocken. Warum nutzt man das abgepumpte Wasser nicht, wie in Südtirol mit den Waalen. Wenn die Grundwasserabsenkung hier notwendig ist, sollte man das Wasser aber nutzen.

Müllaufkommen, Abfallaufkommen. Unsere Abfallbilanz pro Haushalt und Person lag 2013 bei 617 Kilo. Das ist Spitzenwert. Nur drei europäische Länder produzierten mehr Abfall.
Schneekanonen. Schneekanonen sind große Wasser- und Energiefresser. Die etwa 19.000 Schneekanonen in Österreich (Stand Februar 2013) nutzen pro Jahr und pro Hektar etwa sechs

Millionen Liter Wasser und insgesamt 260.000 MWh Strom. Somit nutzen die Schneekanonen Europas so viel Energie wie eine Stadt von 150.000 Einwohner und so viel Wasser wie eine Großstadt wie Hamburg. (Quelle Wiki)

MIPS: Materialeinsatz pro Service-einheit. Maß zur Abschätzung des Umweltbelastungspotenzials von Produkten und Dienstleistungen. Es geht hier hauptsächlich um Strategien zur Dematerialisierung, also um weniger Materialeinsatz. Diese Strate-gien sind heute von großer Bedeutung. Wer Material und Rohstoffe einsparen kann, schont nicht nur die Umwelt, sondern hat auch einen Wettbewerbsvorteil.

Kontaminationen insbesondere der Oberflächengewässer und des Grundwassers, durch den Eintrag verschiedener Schadstoffe, insbesondere durch Nitrat.

Club der Verschwender. Obwohl die Erde nur einmal vorhanden ist, leben die reichen Nationen, bereits heute so, als ob eine „Zweite Erde" gäbe. Sollte ihr Lebensstil auf alle Mitmenschen des Planeten ausgeweitet werden, müssten vier Erden zur Verfügung haben. (Peter Sloterdijk „Das Raumschiff Erde hat keinen Notausgang. S. 107)

bodennahes Ozon. Bodennahes Ozon und hohe Lufttemperatur bergen für Mensch und Umwelt nach wie vor ein hohes Schädigungs-potenzial. In der Atmosphäre ist Ozon ein wichtiges Spurengas. An der Erde jedoch ein aggressives Reizgas. Kinder ältere Menschen und Asthmatiker und auch die Natur leidet unter den sog. Sommersmog.

Elektroschrott. Laut einem UN-Report fallen jährlich weltweit ca. 50 Millionen Tonnen Elektronikschrott an, von denen nur 20 % geordnet wiederverwertet werden.

E-Stoffe, Inhaltsstoffe: Es handelt sich hierbei um Lebensmittelzusatzstoffe, die auf den Verpackungen mit einer E-Nummer gekennzeichnet sind. Es handelt sich dabei um Farb- und Konservierungsstoffe, Emulgatoren, Geschmacksverstärker, Ver-dickungs- und Geliermittel und um weitere Stoffe, die den Lebensmitteln zugegeben sind. Eine Liste der Lebensmittelzusatzstoffe kann im Internet aufgerufen werden.

Viele Menschen haben Beschwerden beim Essen, die von E-Stoffen herrühren können. Die E-Liste kann im Internet abgerufen werden

Boden- und Flächenversiegelung. Die Versiegelungen von Flächen und Böden nimmt auch bei uns weiter zu. Die Versiegelung hat verschiedene öko-logische Auswirkungen: Zum einen kann Regenwasser weniger gut versickern und die Grund-wasservorräte auffüllen und den Pflanzen weniger dienen. Zum anderen steigt das Risiko, dass bei starken Regenfällen die Kanalisation oder die Vorfluter die oberflächlich abfließenden Wassermassen nicht fassen können und es somit zu örtlichen Überschwemmungen kommt.
Das erleben wir leider immer wieder.
Da ja viel gebaut werden muss, werden weitere Flächen versiegelt. Wenn die Gemeinden dazu übergehen könnten und Getrenntsysteme bauen würden, wäre schon viel gewonnen. Bei einem Getrenntsystem wird das Oberflächenwasser, Regenwasser nicht in die Kläranlagen, sondern sofern es nicht verunreinigt ist, direkt in die Vorflut (Bach, Fluss) eingeleitet. Das Schmutzwasser geht mit dem Schmutzwasserkanal in die Kläranlage.

Wenn zusammen eingeleitet wird, stößt das Kanalsystem an seine Grenzen und es kommt zur Rückflutung.

Das Regenwasser hat ja im Grunde genommen, nichts in der Kläranlage zu tun. Dafür ist es zu kostbar. Wir müssen das Regenwasser mehr in Zisternen, Stauseen in Regen-tonnen und sonstigem sammeln. Es ist zu wertvoll.

35,3 Milliarden Tonnen Kohlenstoffdioxid wurde 2013, weltweit in die Luft geblasen. 1990 waren es 23 Milliarden Tonnen. Von Reduzierung kann hier nicht die Rede sein. Leider. 80 % aller in die Luft geblasenen Treibhausgase zwischen 1750-1900 wurden in Europa und Nordamerika emittiert.
(Quelle: Le Monde Diplomatique, November 2015)

Im Süden Grönlands sind die Temperaturen seit Mitte des 20 Jahrhunderts um 2,5 Grad Celsius angestiegen. (Quelle: Wikipedia.org). Im Sommer 2022 herrschten am Nordpol 30 Grad.

Mikroplastik. Mikroplastik ist überall, wie oben dar-gestellt. Die Produktion nimmt trotz aller Gefahren weiter zu. Die Plastikflut weltweit, ist nicht zu beziffern.

Lebensmittelverschwendung
Jeder Deutsche wirft im Schnitt 83 Kilo Lebensmittel in den Müll. Häufig in Plastik verpackt.
Wollen sie weiter dabei sein.
2019 war global das wärmste Jahr, seit den Wetteraufzeichnungen.
Wir gehen mit den Insekten oft sehr achtlos um, obwohl die Bienen unser Dasein sichern.
Daran sollten wir stets denken.

Der sog. Erdüberlastungstag lag 2019 am 29. Juli und damit früher als in allen Jahren zuvor. An diesem Tag hatten wir die nachwachsenden Rohstoffe und Ressourcen überschritten. Zwei Erden hätte wir gebraucht, bis zum Ende des Jahres auszukommen.
Auf zwei % der Landfläche von Deutschland, sollen bis 2030 Windräder stehen. Ausgewiesen sind bisher 0,8 % (Stand März 2023). Damit soll der Anteil der erneuerbaren Energien für die Stromversorgung, von jetzt 45 % auf 80% gesteigert werden. Dieses Ziel ist nur erreichbar, wenn jeden Tag sieben acht neue Windkraftanlagen gebaut werden. Das ist aber unrealistisch allein schon, weil die Facharbeiter fehlen. Deshalb wird das Ziel nicht z erreichen

sein.

China ist heute schon so weit, bei neuen Industrieanlagen 100% grünen Strom anzubieten. Davon sind wir noch weit entfernt. Das lockt die deutsche Industrie nach China.

Zur wirksamen Eindämmung der Emissionen von Treibhausgasen hat die Bundesregierung nun 2023 eine Co-2 Bepreisung beschlossen. Die Einnahmen sollen dem Klimaschutz zugutekommen.

Nach dem Waldzustandsbericht ist der Zustand in unseren Wäldern, besorgniserregend.

Vier von fünf Bäumen sind bereits krank. Der Waldumbau drängt und die Stressfaktoren, die den Bäumen schaden müssen, schnell beseitigt werden. Viele Bäume sind ohnehin, durch den Klimastress bedingt nicht in der Lage CO2 zu speichern oder nicht mehr genug.

Die Verbrennung von Holz wäre CO2-neutral, stimmt nur auf den ersten Blick.

Die Bäume, die „jetzt" verbrannt werden, geben nicht mehr CO2 frei, was er, während seiner Lebensdauer gespeichert hatten. Das stimmt natürlich. Jedoch wird bei der Verbrennung, jetzt das CO2 freigesetzt, was ja eigentlich vermieden werden sollte, und die Bäume fehlen aber nun als CO2-Speicher. Bis neugepflanzte Bäume CO 2 aufnehmen können, vergehen viele Jahre. Und wenn es trocken bleibt, haben sie kaum eine Chance auf ein Leben in der Natur. Ich finde es falsch, der Natur so viel Holz zu entnehmen. Johann Karl von Carlowitz ist der Vater der Nachhaltigkeitstheorie: Man darf nur so viel entnommen werden, wie natürlich nachwachsen kann.

Natürlich sind viele, auch wegen der hohen Energiekosten, gezwungen Holz zu verbrennen.
30. *Die langen Trockenperioden, haben auch bei uns deutliche Spuren hinterlassen, beispielsweise beim Grundwasser. Der Grundwasser-spiegel hat sich in den letzten Jahren, um einem Meter abgesenkt. Diese Absenkung hat weitweichende Folgen für die Vegetation. Wurzeln, ins- besondere die Flachwurzler, verlieren den Kontakt zum Grundwasser. Auch dieser Faktor hat Einfluss auf die Baumvitalität und das Pflanzenwachstum allgemein.*

31. *Versiegelung*

Boden und Flächenversiegelungen haben negative auf den Wasserhaushalt, da der Boden nicht mehr seine Pufferfunktion über-nehmen kann. Das haben wir im Ahrtal gesehen. Das Wasser fließt zu schnell ab, die Dynamik nimmt zu, bis sie nicht mehr beherrscht werden kann.

Nach Schätzungen des Umweltbundesamtes sind bei uns bei uns bereits, etwa 50 unserer Landfläche schon versiegelt.

32. Kühlwasser für die AKWs

In Europa werden ohne uns 149 Atomkraft-werke betrieben, die alle mit Wasser gekühlt werden müssen. Da sich die Temperaturen der Fließgewässer, durch den Klimawandel, auch erhöht haben, kommt das Kühlwasser wärmer an als zuvor.

Immer wenn die Temperaturen steigen, müssen Kernkraftwerke in Deutschland und Europa und überall ihre Leistung drosseln, weil das Kühlwasser sonst zu warm wird. In Frankreich mussten in diesem Jahr fast alle AKWs abgeschaltet werden.

Somit werden auch wärmere Kühlwasser in die Flüsse eingeleitet. Das gefährdet den Schutz der Gewässer, weil der notwendige Sauerstoffbedarf unterschritten wird. Weil die Ökosysteme auch schon unter der Trockenheit und unerlaubten Einleitungen leiden. (Fischsterben in der Oder).

Hier besteht eine ernste Gefahr, die ständig beobachtet werden muss.

33. Energieversorgungssicherheit
Energiesicherheit wird als Staatsziel definiert und soll die jederzeitige Verfügbarkeit von Energieträgern für die Menschen und Industrie sicherstellen. Ob dieses Ziel, ohne fossile Energieträger und der Atomenergie tatsächlich sichergestellt werden kann, ist zweifelhaft.

34. Wertstoffe.
Neben den anderen, bekannten Wertstoffen wie Glas, Papier, Metall, Gummi, Kunststoff, Sägespäne, werden heute im Rahmen eines modernen Stoffmanagements, viele weitere Stoffe wieder verwendet, die früher einfach nur Abfall waren.

35. Bauschutt
Man geht heute, in Anbetracht der knapper und teurer werdenden Baustoffe, immer mehr zum Bauschuttrecycling, so wie es nach dem Krieg, über und hat den Bauschutt wieder als Wertstoffe entdeckt.

51. Insekten

Insekten (Insecta), die „eingeschnitten"-auch Kerbtiere genannt. Sie sind die Artenreichste Klasse der Tiere, aber dennoch zum Teil stark gefährdet. Allen Insekten gemeinsam ist ein Exoskelett, eine besondere Stützstruktur, eine stabile Außenhülle für den Organismus. Der Körper ist in drei Teilen gegliedert, Kopf Brust, Hinterleib und sechs Beine. Sie werden deshalb auch Hexapoden genannt.

Ihre Bedeutung für die Menschen als Nutz-tiere in Form der Bestäubung, als Schlupf-wespe zur biologischen Schädlingsbekämpfung, sowie der Mistkäfer, die sich hauptsächlich von Mist und Dung ernähren, seinen hier nur kurz erwähnt. Ohne diese nützlichen Tiere, würden die Menschen ziemlich alt aussehen.

Deshalb mein Appell, lassen sie bitte die Insekten leben.

52. Nachhaltigkeit

Der inzwischen abgedroschene Begriff Nachhaltigkeit, stammt ursprünglich von Hans Carl von Carlowitz. Der Begriff wird heute überall verwendet, auch dort wo er nicht hinpasst. Manche Autoren sprechen von einem „Gummiwort" Denn

*eigentlich geht es um ein bestimmtes Handlungsprinzip, bei der Nutzung von Ressourcen. Von da her ist der Begriff sehr wichtig, denn die Ressourcen werden knapper und müssen ökologisch behandelt werden.
Es geht ursprünglich, darum die natürliche Regenerationsfähigkeit, der Systeme zu erhalten zu bewahren. Davon ist heute kaum noch etwas zu spüren.*

Eigentlich muss man den Hausfrauen und den Haus-halten nicht vorschreiben und diktieren, wo sie Energie einsparen können. Energie und Kosten einsparen, gehört zum Standard einer Haushaltsführung. So haben die Haushalte in Deutschland, im vergangenen Jahr 20% Energie eingespart.

Atomenergie

*Ich will hier kein Fass aufmachen, aber die Dokumentation, in der ARD vom 11.4. „Deutschland schaltet ab", zeigt deutlich, dass wir, nachdem wir uns von der Atomkraft verabschiedet haben, von maroden und neuen Atom-kraftwerken umzingelt sind.
In Europa sind 73 AKWs mit 183 Reaktorblöcke in*

Betrieb. 14 Reaktorblöcke sind in Bau. Was brauchen wir da noch unsere letzten drei. Alle Staaten um uns herum bauen dazu. Nur Deutschland möchte mal wieder eine Vorreiterrolle übernehmen. Diese Arroganz ist schon beim Transrapid und der Photovoltaiktechnik schief gegangen. Nun wandert auch die Wärmepumpenindustrie ab. Die Arbeitsplätze sind jetzt in China.

Die Finnen haben innerhalb von vier Jahren ein Atomendlager gefunden und gebaut. Wir suchen schon seit 60 Jahren.

Auch die technische Intelligenz hat und verlässt unser Land. Nicht die Künstliche, sondern unsere Wissenschaftler kehren der Bundesrepublik den Rücken.

Dabei gibt es interessante Forschungsansätze den Atom-müll energetisch zu nutzen. Die Ampelregierung schaltet die letzten AKWs endgültig ab und holt Kohlenkraftwerke aus der Reserve und verursacht damit einen viel höheren CO_2 Ausstoß als die AKWS.

Wissenschaftler haben rechtzeitig gewarnt, aber die Ampelregierung bleibt stur. Ich habe bisher nur die Fakten vor-gestellt, in diesem Fall muss ich aber die Ampelregierung kritisieren, denn die drei letzten hätten Atomkraftwerke als Übergangstechnilogie weiter betrieben werden müssen, weil der Ausbau, auch aufgrund fehlender Fachkräfte stockt und die Energiesicherheit nicht garantiert werden kann.

Ist das eine wir nachhaltige Umwelt- und Klimapolitik, wenn die Ampelregierung saubere Energie abschaltet, die nun mal da ist und dafür Kohlekraftwerke ans Netz nimmt. Zu mindestens hätte man seit dem Krieg in der Ukraine, eine andere
Strategie entwickeln müssen und die AKWs am Netz halten müssen.

Weil wir bereits jetzt mehr Hitzetage als Frosttage zu verzeichnen haben, wird der Hitzestau in den Städten weiter zu nehmen. Zum Teil ist die Temperatur in den Städten 2-3 Grad höher als auf dem Land.

Insbesondere ältere Menschen leiden darunter und erkranken. Viele Menschen finden keinen Schlaf mehr. Der Stadtverkehr, die Flächenversiegelung dunkle Straßenbeläge, Infrastruktur, die die Luftzirkulation verhindert oder erschwert und zu wenig grün, sind die Hauptursachen für den Hitzestau. Viele gequälte Menschen werden sich Kühlanlagen kaufen, die aber aufgrund der hohen

Energiekosten, eine schlechte Ökobilanz haben. Der vermehrte Betrieb von Kühlanlagen, wird wiederum zu einem Anstieg der Emissionen führen. Ich hatte mal das Glück und traf mit Ernst Ulrich von Weizsäcker zusammen. Sein Buch Faktor Vier. Doppelter Wohnstand- halbierter Naturverbrauch. Der neue Bericht an den Club of Rome, hat mich sehr begeistert. Das Buch ist 1995 erschienen und hat bereits zu diesem Zeitpunkt nicht nur allein auf die Kosten durch die Klimatisierung, sondern auch auf andere wichtige Verhaltensmaßnahmen hingewiesen, die eigentlich nicht beachtet wurden und uns heute auf die Füße fallen.
Warum ist der Mensch so uneinsichtig. Wenn unseren Um-weltzustand schildern, verursacht man Unbehagen. Man möchte lieber mit der scheinbar heilen Welt beschäftigen. Es ist viel liegen geblieben. Vieles wurde nicht angepackt, packen wir es jetzt an. Es ist noch nicht zu spät. Deshalb nur noch vier Aspekte.
 Reaktivierung von Kohlekraftwerken. Kohlekraftwerke, so der Beschluss der Bundesregierung gehen zur Unterstützung der Stromversorgung wieder ans Netz. Es werden also fossile Brennstoffe verbrannt, die eigentlich tabu sein sollten.

Klimastress
Neben den Menschen leiden insbesondere die

Bäume unter dem Klima. Laut Waldschadensbericht weisen vier von fünf Bäumen in den Kronen bereits erhebliche Schäden auf. Der Zustand der Bäume ist besorgniserregend.

Klimaneutralität
In letzter Zeit wird aller Orten und in den Nachrichten permanent von „Klimaneutralität" gesprochen. Was ist das eigentlich. Kann ein Klima neutral sein. Zum Klima gibt es recht unterschiedliche Definitionen.
Wenn es also keine Legaldefinition gibt, wie kann dann etwas, was wir nicht beschreiben können, neutral sein. Allgemein ist damit gemeint, dass nicht mehr Emissionen raus geblasen werden, wie eingespart werden können. Etwa einen Status quo, wir gehen somit nicht über den gegenwärtigen Zustand hinaus.
Klimaneutralität bedeutet, dass durch menschliche Aktivität in Summe das Klima nicht beeinflusst wird. (IPPS SR 5.1 (Glossar Einträge Climate neutrality und Carbon neutrality. IPPS: Der Zwischenstaatliche Ausschuss für Klimaveränderungen.)

Jetzt wissen wir Bescheid. Durch unsere Aktivitäten kann das Klima neutral werden.

36. Holz/Brennholz

37.

Bedingt durch die Verknappung von Gas, haben viele Menschen als Alternative auf Holz zurückgegriffen. Man kann es den Menschen nicht verdenken, obwohl ich schon darauf hingewiesen habe, dass die Verbrennung von Holz nur auf den ersten Blick CO_2- neutral ist. 2022 wurde noch nie so viel zur Energiegewinnung geschlagen wie noch nie seit der Wiedervereinigung. Bund- Waldexpertin warnt:

„Wir können es uns nicht mehr leisten, unsere Wälder zu verbrennen. Sie brennen bereits weltweit von selbst. (Rheinzeitung 15. April 2023)

38. Pumpspeicherkraftwerke. PSW/
Die Pumpspeicherkraftwerke ist eine vernünftige Alternative, um Energieflauten sog. Dunkelflauten auszugleichen. Dunkelflauten beschreibt einen Zustand, wo weder Wind- noch Sonnenenergie zur Verfügung stehen. In diesem Fall brauchen wir eine solide Energiereserve.

Bei den PSW handelt es sich um

Speicherkraftwerke, die elektrische Energie, in Form von Lagerenergie in einem Stausee speichern. Wasser wird durch Pumpen in den höher gelegenen Seen gepumpt und dann für den Antrieb von Turbinen genutzt.

61. THG- Quote
Seit dem 1. Januar 2022 können Halter von reinen Batteriefahrzeugen (Autos, Motor-räder, Roller) mit Straßenzulassung, eine Prämie nach dem Treibhausminderungsgesetz (THG) für eingesparte CO_2 Emissionen erhalten. Es könnte sich bei der Prämie um eine Größenordnung von 250-350 Euro handeln.
Ähnlich wie beim Emissionshandel, erhält, der eine Prämie der CO_2 einspart. Der Emissionen verursacht, muss zahlen.

39. Emissionshandel
Es handelt sich bei dieser Konstruktion, um einen Emissionsrechtehandel mit dem Ziel die Treibhausgase in der EU zu senken. Wer verschmutzt muss zahlen und sich Verschmutzungszertifikate kaufen; wer CO_2 einspart darf die Zertifikate verkaufen. Diese werden, um doch noch die Ziele zu erreichen, in Zukunft sehr teuer.

40. Tempolimit

Die Faktoren Verkehrssicherheit, Einsparung von CO2 weniger Ressourcenverbrauch und auch weiniger Stäube u a auch durch Reifenabrieb, Umwelt -und Klimaschonung, bestimmen die Diskussion der letzten Jahre, über eine generelle Geschwindigkeitsbegrenzung, in Deutschland. Bleibt abzuraten, was geschieht.

64. Ökologische oder planetarische Belastungsgrenzen der Erde.

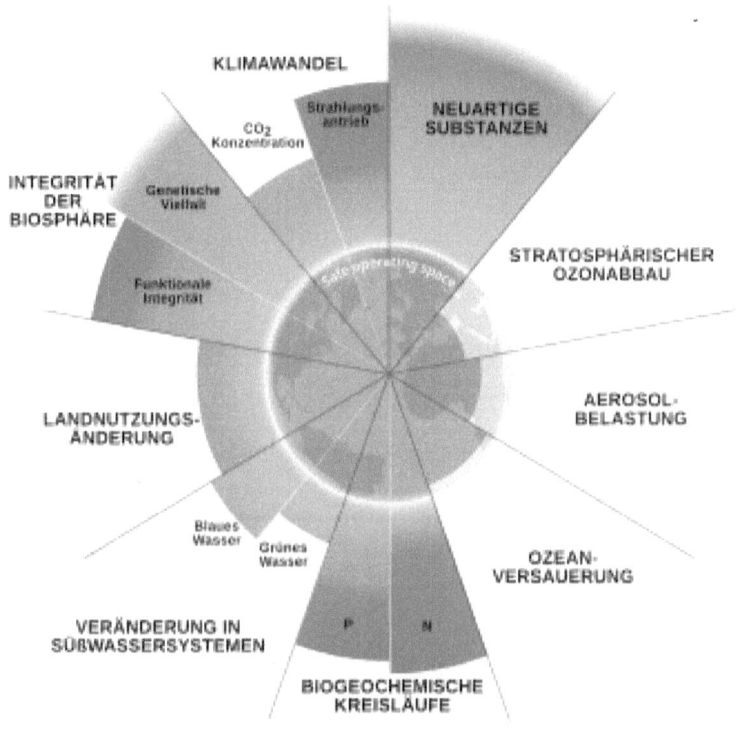

Unser Planet stößt auf verschiedene Belastungsgrenzen, dem Klimawandel, den Ozonabbau, die Aerosolbelastung, Versäuerung der Ozeane, Biochemische Kreisläufe, Veränderung der Süßwasser-systeme, Landnutzung, Veränderungen der Biosphäre.

Die Abbildung zeigt deutlich, wo der Mensch schon die Kipppunkte bereits erreicht oder schon überschritten hat.

Schauen wir uns die Kipppunkte einnmal etwas näher an.

Wir erkennen, dass von den neun planetarischen Grenzen, bereits mehrmals überschritten sind. Insbesondere bei der Unversehrtheit der Biosphäre (Gesamtheit, wo Lebewesen vorkommen), und die Biochemischen Kreisläufe, sowie die Einbringung neuartiger Substanzen und Organismen. zeigen starke Überschreitungen.
Aber auch das Überschreiten anderen Grenzen, ist besorgniserregend. Die Umweltfußabdrücke sind einfach zu hoch.

Die Menschen erfinden immer neue Stoffe nicht immer zum Wohle des Menschen, wie sich oft erst später herausstellt. Mikroplastik, verschiedene Farbstoffe und Pestizide deren Langzeitwirkungen auf die Menschen und Ökosysteme noch weitgehend unbekannt sind.

Die hat man beispielsweise beim Glyphosat gesehen.

Hinzu kommen die oft rein profitorientierten menschlichen Eingriffe in die Natur mit Zerstörung der Ökosysteme und Artensterben.

Der Verfügbarkeit an sauberen Süßwasser. wird zunehmend kritisch. Es zeigt sich in letzter Zeit dramatisch, dass der globale Wasserhaushalt an seine Grenzen stößt.

Die verschiedenen Stoffkreisläufe werden durch das menschliche Handeln negativ beeinflusst und gestört. Insbesondere hat der Mensch die Stickstoff- und Phosphorkreisläufe aus der Balance gebracht.

Die Rodung großer Waldflächen für Siedlungsraum oder Landwirtschaft. Es kann nicht genügend Wald nachwachsen wie entnommen wird. Wichtige Ökosystemfunktionen gehen für immer verloren. Der Klimawandel mit seinen negativen Folgen, wie Hitzewellen, Überschwemmungen, Dürren, Erosionen. schreitet auch bei uns für jeden erkennbar fort.

Auch die Luftverschmutzung ist ein erstes Problem, was gelöst werden muss.

Ferner werden die Ozeane immer saurer, d. h. ihr ph- Wert sinkt, da die Ozeane immer Kohlendioxid aus der Atmosphäre aufnehmen und zu Kohlensäure umwandeln, was sich negativ auf die Lebensgemeinschaften auswirkt.

In verschiedenen Ländern sind Maßnahmen im Rahmen der Klimapolitik eingeführt, um die Belastungsgrenzen abzubauen. (näheres siehe Bundesministerium für Umwelt, Klimaschutz, Naturschutz und nukleare Sicherheit)

65. Invasive Arten

Darauf war ich schon zu sprechen gekommen. Zurzeit sind bei uns 88 invasive Arten bekannt. Tendenz steigend. Es handelt sich nicht nur um Tiere, sondern auch um Pflanzen und Pilze. Manche Arten haben ein bedrohliches Ausmaß angenommen. Insbesondere ist das Augenmerk, auf die Übertragungen gefährlicher Krankheiten und dem Artenschutz, heimischen Arten zu legen.

66. Umwelthormone
Wir können zwischen den eigenen, Körperhormonen und den Umwelthormonen unterscheiden. Umwelthormone sind keine Hormone im eigentlichen Sinne, sondern Moleküle, die sich wie Hormone verhalten. Diese stecken in Pestiziden, Medikamenten, Kosmetika sowie etlichen Plastikprodukten und reichern sich in der Luft, im Boden und im Wasser an. Weil sie so winzig sind, gelangen sie über den Atem, aber auch

durch die Haut in die Körper von Tieren und Menschen und greifen dort in das Hormonsystem ein.

Als endokrinen Disruptoren, wie sie wissenschaftlich genannt werden, sind Stoffe die, wenn sie in den Körper gelangen, bereits in kleinen Mengen, das Hormonsystem und die Gesundheit schädigen können. Dies können insbesondere sein: Asbest, Duftstoffe, flüchtige organische Verbindungen, Quecksilber, Weichmacher.

67. Biologische Schädlingsbekämpfung

Ich möchte noch kurz auf die biologische Schädlingsbekämpfung zu sprechen kommen, weil sich hier in den letzten Jahren sehr viel getan hat. Es ging damit los, dass man sich Katzen hielt, um der Mäuseplage Herr zu werden. Aber auch Nistkästen setze man ein, um insektenfressende Vögel, in den Garten zu locken.
Auch Flederhausbrutkästen oder die Ansiedlung von Marienkäfer oder andere Räubern, dienen der biologischen Schädlingsbekämpfung und machen in vielen Fällen die Giftspritze überflüssig.
Zu den „Nützlingen", zählen Raubmilben, Raubwanzen, Kugelkäfer, Marienkäfer, Florfliege,

Schwebfliege, verschiede Wespenarten.

Hainschwebfliege auf einer Blüte. Schwebfliegen haben es schwer, denn fast immer werden sie für reine Wespe gehalten und getötet.
Heute werden aus Flugzeugen, im großen Stil, Milliarden von Eiern der Nützlinge auf die Felder abgelassen. Die Maden, die bald schlüpfen besorgen den Rest.
Das war nur ein kleiner Überblick.

68. Erwärmung der Ozeane und Meere

Die Ozeane und Meere, sind so warm wie noch nie. Seit den 60-er Jahren steigt die Temperatur kontinuierlich an. Ein Grad Erwärmung des Oberflächenwassers, bedeutet 7% mehr Verdunstung. Es bilden sich immer mehr gewaltige Regenwolken, weil die Verdunstungsrate zunimmt.

Laut Climate Reanalyzer der Universität Maine, stieg die durchschnittliche Oberflächentemperatur der Weltmeere seit Anfang März um fast zwei Zehntel Grad.

Das mag auf den ersten Blick wenig erscheinen.

Doch für die Ozeane in ihrer Gesamtheit, die weltweit 71 % der Erdoberfläche bedecken. Ist der Anstieg in der Kürze der Zeit riesig.

Es gibt zu diesen Szenarien, unterschiedliche wissenschaftliche Beurteilungen. Darauf gehe ich nicht ein, sondern schildere nur die Fakten. Fakt ist, dass sich durch die Erwärmung riesige Regenwolken bilden. Der Meeresspiegel steigt. Überschwemmungen. Artenvielfalt leidet und weitere Auswirkungen, die ich schon oben erwähnt habe.

69. Wetterextreme

Dürren, extreme Hitze, Stürme Überschwemmungen belasten die Menschen. Hinzu komme Hunger und Not. Die Ernährungssicherheit für alle Menschen sicher zu stellen, wird immer schwieriger. Auch hier hat die Erhöhung der Durchschnittstemperatur, um ein Grad, gravierende Folgen.

Weltweit haben die Extreme stark zugenommen.

Fakt ist:" Der Klimawandel beeinflusst die Zahl und Stärke von Wetterextremen. Bei einer stetig steigenden Zahl kann die Forschung bereits Veränderungen nachweisen, etwa bei Hitzewellen, Extremniederschlägen und Dürren in manchen Regionen. (Helmholtz Klima Initiative)

70. Lancaster Kalifornien

Lancaster in Kalifornien ist ein interessantes Beispiel, wie man eine Stadt klimaneutral machen kann. Lancaster wird die erste Wasserstoffstadt, in den Vereinigten Staaten.

Dazu hat man alle öffentlichen Gebäude mit Photovoltaikanlagen ausgestattet. Die Einnahmen wurden zur Förderung und der Anschaffung von privaten Photovoltaikanlagen verwendet. Nun hat man so viel erneuerbare Energie, um diese für die Wasserstoffproduktion einzusetzen.

Nicht nur das Bewohner, günstige Energie haben, hat sich auch die Luftqualität stark verbessert und die Stadt bietet darüber hinaus hochqualifizierte Arbeitsplätze und eine gesteigerte Lebensqualität.

Das ist Beispiel, an dem wir uns eine Scheibe abschneiden dürfen.

71. Permafrost, Permafrostböden

Der sog. „Ewige Frost" führt heute zunehmend zu großen Problemen. Von Permafrost spricht man, wenn die Temperatur, an zwei aufeinanderfolgenden Jahren, unter null Grad ist. Dies ist seit einiger Zeit nicht mehr der Fall.

Hatte einst der Alpine Permafrost, die Gebirge, wie eine gewaltige Frosteisfuge zusammengehalten, schmilzt diese nun weg und es kommt immer öfter zu Bergstürzen. Man kann nicht mehr sicher sein.

Aber auch der polare Permafrost staut zunehmend auf. Beide Arten verlieren somit ihre Funktionen als Kohlenstoffspeicher. Beim Auftauen werden große Mengen Methan, was stark klimarelevanter als der CO2 ist freigesetzt. Ferner Quecksilber und Milzbranderreger. Die Sporen von Bacillus anthracis können jahrzehntelang in Kadavern im Permafrost überleben.

Das Entweichen des Methans in die Atmosphäre verstärkt den Klimawandel. Landstriche brechen ein oder sacken ab, dadurch wird die Infrastruktur und Gebäude beschädigt. Die Topografie verändert sich.

Nun noch kurz zu den viel zitierten Wärmepumpen.

72. Wärmepumpen

Drei Arten von Wärmepumpen lassen sich unterscheiden.

Die Luft, - Erd- und Grundwasserwärmepumpe. Alle brauchen als Antriebsenergie Strom. Ohne geht es nicht. Je nach Art sind die Stromkosten unterschiedlich. Es fallen je nach Tarif 120-150 Euro an.

Bei den Grundwasserpumpen tritt zunehmend das Problem auf, dass immer tiefer gebohrt werden muss, um ans Grundwasser heranzukommen. Ob es eine gute Lösung ist, ist in indes doch eher fragwürdig.

73. Verlust von Agrarflächen

In Deutschland wird jeden Tag eine Fläche von knapp 76 Fußballfelder für Siedlungs- und Verkehrszwecke versiegelt. Meist handelt es sich dabei, um wertvolles Acker- oder Weideland.

Die vorgeschriebenen Ausgleichs- und Ersatzmaßnahmen führen zu keinem befriedigenden Ergebnis, da auch hier wieder Agrarflächen in Anspruch genommen werden.

Die zunehmende Flächenversiegelung, für zu immer weniger Lebensräume für Tiere und Pflanzen. Ferner schadet der Flächenverbrauch dem Klima, da immer weniger natürliche Räume, zum Beispiel Wälder, als CO-Senke zur Verfügung stehen.

Hier ist unbedingt ein Umdenken dringend notwendig.

74. Wasserkonflikte, Streitigkeiten ums Wasser.

Wenn wir uns erneut vor Augen führen, dass vom gesamten Wasserdargebot nur 2,5% Süßwasser aber 97,5% Salzwasser existiert, so wird schon hier deutlich, wie wertvoll, unser Lebensmittel Nummer 1, das Trinkwasser, für Mensch, Tier und

Pflanzen ist.

Von den 2,5 % Süßwasser wird der Großteil, nämlich 68,5 % in Gletschern und dem „Ewigen Eis" gebunden. 0,27 % ist erneuerbares Frischwasser aus Seen und Flüssen. 30% ist sauberes Grundwasser und 0,98% Bodenfeuchte, Grundeis, Dauerfrost und Sumpfwasser.

Jeder Haushalt in Deutschland verbraucht im Schnitt täglich rund 130 Liter Trinkwasser pro Tag. Wie die Grafik zeigt, wird von diesem kostbaren Gut, 27 % für die Toilettenspülung und nur 4% für Essen und Trinken verbraucht.

Können wir uns weiter eine solche Verschwendung leisten, wo doch oben dargestellt wurde, dass das globale Wasserdargebot an seine Grenzen stößt.

Die Frage, die die Menschen immer mehr umtreibt: wird das Wasser auch bei uns knapp. Satellitendaten zeigen, dass Deutschland in den letzten 20 Jahren, Wasser im Umfang des Bodensees verloren hat.

Wir müssen umdenken, mit de Verschwendung muss Schluss sein.

Das ist uns gar nicht so bewusst. In anderen

Regionen sieht es dramatischer aus. Wir hören jeden Tag, dass das „Ewige Eis" eben doch nicht ewig Bestand hat, sondern rapide wegschließt, wie die Gletscher auch. Das bedeutet einen hohen Verlust an Trinkwasser, dass nicht mehr wiederkommt.

Ist uns bewusst, was es bedeutet, wenn das Süßwasserdargebot von nur 2,5% dramatisch abnimmt.

Der Eintrag von viel Süßwasser in die Ozeane, kann dazu führen, dass der Golfstrom versiegt. Im Schnitt ist der Salzgehalt in den Meeren, 35 Gramm zu einem Kilo Meerwasser.

Wenn nun der Salzgehalt, durch das Süßwasser des Polareises versüßt wird, friert das Meer zu und der Golfstrom verliert seine Dynamik.

Wir streuen im Winter Salz, um das Eis auf dem Gehweg aufzutauen. Genau ist es mit dem Golfstrom. Ob das so eintritt, ist indes ungewiss, was aber gewiss ist, ist Tatsache, dass beispielsweise in Spanien schon große Wassernot herrscht. Verteilungskonflikte zeichnen sich schon jetzt immer deutlicher ab.

Viele glauben daran, dass es um das Wasser kriegerische Auseinandersetzungen geben wird, denn schon jetzt zeichnen sich, Nutzungskonkurrenzen ab, die nicht immer friedlich geregelt werden, und der Stärkere die Überhand befällt.

Die Wasserverfügbarkeit für alle Menschen wird eine der wichtigsten Zukunftsaufgaben sein. Wir müssen mit dem Wasser sorgsamer umgehen, denn Wasser ist ein Menschenrecht.

2,1 Milliarden Menschen haben weltweit keinen Zugang zu sauberem Trinkwasser und wir benutzen es für die Toilettenspülung. Wir müssen mit dem Wasser, was immer mehr als Starkregen fällt, wirtschaftlicher umgehen und Möglichkeiten. Es geht zu viel Wasser ungebraucht in die Kanalisation und in die Vorflut.

Es geht um, eine neue, innovative Niederschlagswasserbewirtschaftung. Hierzu laufen schon einige interessante Programme.

Dazu gehört, dass das Niederschlagswasser besser versickern kann. Entsiegelung und Begrünung. Sowie der Bau von Zisternen, Seen und Talsperren.

Die Leckverluste betragen bei uns 2%, in Italien aber 100 % durch marode Wasserleitungen. Das Grundwasser braucht 100 Jahre, bis es bei uns ist. In manchen Regionen Deutschlands, muss es monatelang regnen, um den Grundwasserspiegel.

Fast dreiviertel des Trinkwassers in Deutschland stammt vom Grundwasser. Daher ist eine mengenmäßig ausreichende und qualitativ hochwertige Gewinnung des Grundwassers, eine wesentliche Aufgabe der Daseinsvorsorge.

Wenn man sich die Wassernachfragemengen weltweit bis 2030 in % anschaut. Wird für Afrika südlich der Sahara ein jährlicher Anstieg von 238% zu verzeichnen sein. China einen Anstieg von 61% und Europa von 50 %.

Woher soll das viele Wasser kommen und alle Menschen ausrechend zu versorgen.

75. Anthropozän

Weil der Mensch die Welt so nachhaltig, vielleicht sollte man eher sagen, nachteilig hat man den Begriff „Anthropozän" kreiert.

Es soll ein neues menschengemachtes Zeitalter symbolisieren. Einem Zeitalter, in dem der

Mensch, zu einem der wichtigsten Einflussfaktoren, im biologischen, atmosphärischen und geologischen Sinnen geworden ist. Dies oft zum Nachteil der Erde.

Ich weiß nicht, ob wir darauf stolz sein sollen, denn für den desolaten Zustand, unseres Planeten ist ja der Homo sapiens verantwortlich. Für alles, was wir oben als Negativfolgen beschrieben haben. Die Aufzählung der menschlichen Untaten ist sehr lang und kein Ruhmesblatt.

76. Mikroplastik

Mit der Plastikproblematik haben wir uns schon etwas ausführlicher beschäftigt. Nun hat mich aber doch ein Dokumentarfilm sehr erschüttert. Im fernen Neuseeland haben Wissenschaftler, Seevögel, die nicht mehr fliegen konnten, die Mägen ausgepumpt.

Dabei kamen bis 15 Plastikteilchen zum Vorschein, die ein Vogel allein geschluckt hatte, in der Annahme, es handele sich um Futter.

Das grausam und macht erneut deutlich, was der Mensch anrichtet. Wie viel Vögel Fische und andere Tiere, auf die grausame Art schon verstorben sind, lässt sich nicht beziffern.

77. CO 2-Zertifikate-Handel

Wenn man während des Mittelalters, in der katholischen Kirche seine Sünden reinwaschen und Ver-gebung erlangen wollte, musste man einen Ablassschein kaufen. „Sofern das Geld im Kasten klingt die Seele in den Himmel springt".

Die CO 2-Zertifikate, sind die Ablassbriefe unserer Zeit. Auch damit kann man seine Sünden die Umweltsünden ungeschehen machen. Man zahlt einen Preis für ein Verschmutzungsrecht.

Grundsätzlich darf jeder die Atmosphäre belasten und zahlt dafür einen Preis. Und dieser Preis, ist nicht mit einem Ablasspreis zu bezahlen, sondern soll den Verschmutzer, richtig wehtun und soll als Lenkungsfunktion, einen Anreiz für klimafreundliche Technologien schaffen.

Der Ablasssünder und der Emittent sollen also weiter keine Sünden begehen, sonst müssen sie zahlen.

Für Wärmeerzeugung und den Verkehr gibt es in Deutschland eine entsprechende Bepreisung. 2024 der Abfallsektor hinzu. E-Autobesitzer profitieren bereits von dieser Regelung, darauf habe ich schon hingewiesen.

Der Ablassverschmutzungspreis für eine Tonne CO2, begann 2021 mit 25 Euro und soll bis 2026 auf 55-65 Euro gesteigert werden. Zurzeit sind es 30 Euro.

Wenn man lieb war, darf man die Zertifikate auch verkaufen.

Die EU legt Emissionsobergrenzen fest, welcher Sektor wie viel CO 2 ausstoßen darf. Daraus ergibt sich die Gesamtmenge der Zertifikate, die zur Verfügung stehen.

Betreiber energieintensiver Industrieanlagen und die Airlines müssen Zertifikate ersteigern.

78. Klimageld

Die Bevölkerung sollte durch das Klimageld, wegen der gestiegenen hohen Energiekosten entlastet werden. So steht es im Koalitionsvertrag. Doch daraus wird zunächst nichts, weil das Geld schon anderweitig verplant ist. Wahrscheinlich müssen die Bürger noch bis 2024 warten. Deswegen müssen wir hier auch nicht spekulieren, wann es kommt und wie hoch es sein könnte.

79. Weltklimakonferenz

Die Zeit, die wir vergeudet haben, läuft uns nun davon. Jedes Zehntel Grad zählt. Eine Gegenüberstellung der Auswirkungen bei 1, 5 oder 2,0 Gradmöchte ich unten anführen.

Bei 1,5 Grad wird das Polareis in hundert Jahren frei; bei 2,0 Grad in zehn Jahren. Sturmfluten wird es in Deutschland alle 100 Jahre geben bei zwei Grad alle 33 Jahre. Bei den weltweiten Landflächen steigt das Risiko an Überschwemmungen an Flüssen bei 11% bei zwei Grad um 21 %. 1,5 Grad wird sich zu 8% bei den Pflanzenarten und zu 16 % bei 2 Grad auswirken. Bei Insektenarten auch 6% zu 16%, bei den Wirbeltieren 4% zu 8 %.

Wir sehen, dass ein Anstieg der Durchschnittstemperatur, um nur um einen halben Grad, oft doppelte negative Auswirkungen hat.

Wenn es dem Homo-Sapiens nicht gelingt, die globalen Emissionen deutlich zu senken, droht eine durchschnittliche Erwärmung von plus vier Grad. Dann ist die Erde unbewohnbar.

Deutschland liegt zurzeit mit einer Pro-Kopf

Emissionen von 8,1 Tonnen an 41 Stelle. Hier kann man sich freuen, wenn man hinten liegt. Der Inselstaat Palau, ist mit 60,2 Tonnen, der größte CO-2-Emittent. Das liegt daran, dass viele Touristen die Insel mit dem Flugzeug erreichen.

Wie wichtig es ist, intakte Ozeane zu haben, zeigt die Tatsache, dass die Ozeane 91% der Wärme schlucken. Da besteht wiederum die Gefahr der Überwärmung.

80. Grüne Energie

„Ich mache alles neu…..".‚ die Offenbarung des Johannes. „Ich mache alles grün"… Offenbarung des…….

81. Zoonosen

Von Tier zu Menschen oder von Menschen zu Tier übertrage Infektionskrankheiten. Jetzt erst Corona. Be auch beispielsweise Vogelgrippe, Rinderwahn oder Ebolafieber.

Die Zoonosen nehmen zu, weil der Mensch, viele natürliche Lebensräume und Rückzuggebiete der Tiere zerstört.

82. grüne Energie

Nun noch ein paar Worte zu den „grünen Gasen" und grünen Energiestoffen. Da die fossilen Energieträger endlich sind und wohl auch bald teuer werden, müssen Alternativen gesucht werden, um die Energiesicherheit zu gewährleisten.

Es wird zwangsläufig zu dieser viel zitierten Energietransformation kommen, das merken wir ja heute schon in vielen Bereichen. Kohle und Gas.

Die anstehende Energietransformation umfasst die Komponenten, die erforderlich sind, um die Welt von ihren traditionellen CO2-emittierenden Energiequellen zu befreien und zukunftssichere Alternativen aufzuzeigen. Entwicklung und Bereitstellung, neuer Energiequellen, ist eine wichtige Zukunftsaufgabe der Politik.

Wenn wie beabsichtig, die Bundesregierung bis 2045, komplett klimaneutral sein will, müssen, um die Energiesicherheit zu gewährleisten, auch andere, alternative Energiequellen zur Verfügung stehen. Dazu gehören die beispielsweise die „grünen Gase".
Als grünes Gas werden alle gasförmigen Energieträger bezeichnet, bei deren Verbrennung nicht mehr CO_2 freigesetzt wird, als zuvor der

Atmosphäre entnommen wurde, so die bdwe in ihrer Publikation.

Unter " grünem Gras" wird Biogas und Wasserstoff verstanden. Wind, Sonne, Holz mit einer gewissen Einschränkung, keine importierte Atomenergie aber grüne Gase, so wird unser Energiemix für die Zukunft aussehen. Ob das reicht, wird man sehen.

Wenn dann alles grün ist, hoffentlich unsere Wälder auch noch.

Als ich Mitte der 50-er Jahre, im Steinkohleberg Werk bearbeitet habe, war die Steinkohle unsere Zukunft. Sie brachte uns Wohlstand und Einkommen. Wir sangen: "Gott hat uns das edle Bergwerk gegeben. Das ist heute vergessen und spielt keine Rolle mehr.

Wenn ich heute die Parolen lese. „mehr Umweltschutz als Kohleschmutz", habe ich den Eindruck, dass die Menschen von der jüngeren deutschen Geschichte keine Ahnung haben. Ich muss mich als ehemaliger Bergmann, nicht dafür schämen, mit zum Wohlstand in diesem Land beigetragen zu haben. Auch vor meiner Zeit war Kohle und Stahl die Einkommenssicherung der Menschen.

83. Rötelmaus

Hanta-Viren (benannt nach dem Hantan Fluss in Südkorea)

Ich möchte an dieser Stelle kurz auf die Rötelmaus als Infektionsträger von Hanta-Viren hingewiesen. Hier meine ich nur die Viren, die von der Rötelmaus und anderen Nagern übertragen werden können.

Die Rötelmaus auch Waldwühlmaus ist in erster Linie ein Zwischenwirt für den Fuchsbandwurm, den die Maus über den Fuchs auf Katze, Hund und auf den Menschen überträgt. Um den Fuchsbandwurm soll es hier aber nicht gehen. Aber nicht nur das, überträgt die Rötelmaus sondern auch viele pathogene Keime, die für den Menschen gefährlich sind. Zum Beispiel der Serotyp (Variante) Puumala -PUU- des Hantavirus, dass ein blutbrechendes Fieber auslöst. Die Rötelmaus ist in den Endemiegebieten, der Haupterreger von PUU. Das Infektionsrisiko, steigt mit der Populationsgröße.

Die Rötelmaus ist in Deutschland weit verbreitet. Wer einen Stall oder Scheune hat, sollte vorsichtig sein. Die Infektion erfolgt durch direkten und indirekten Kontakt mit den Ausscheidungen der infizierten Tiere. Urin, Kot, Speichel. Die Ausscheidungen bleiben auch im getrockneten Zustand infektiös. Wer also seinen Stall, ausfegen möchte, sollte unbedingt Atemschutz tragen.

84. Algen

Vielleicht hat man in der Vergangenheit, den Algen, dem Seegras und dem Plankton, sowie allen Wasserorganismen, die zur Photosynthese fähig sind, zu wenig Bedeutung als CO- Senke eingeräumt. Deswegen legt man heute beispielsweise regelrechte Seegrasplantagen für den Klima- und Artenschutz an. Man hat die Eigenschaften der Grünpflanzen erkannt, es ist keine Zeit mehr zu verlieren, denn der Sauerstoffgehalt in den Ozeanen hat bereits, um 2% abgenommen. Mit verheerenden Auswirkungen, für Fische und anderen Sauerstoff benötigenden Organismen.
Da die Blaualgen wegen ihrer hohen toxischen Wirkung bei den Menschen, insbesondere bei den Gewässerschutzbeauftragten Alarm auslösen sind sie ein Störfaktor, der beseitigt werden muss. Die Toxischen Eigenschaften der Cyanobakteria,

schränken die Wasserqualität und die Gewässernutzung ein. Fische und andere Wasserbewohner sowie das Zooplankton (Wasserorganismen) werden geschädigt.

Es gibt auch wieder hier die Rückseite der Medaille: Was für die Atmosphäre, dem Klimawandel als CO_2-Senke wünschenswert ist, kann auf der anderen Seite zu großen Problemen führen. Wir brauen mehr Grünmasse, was CO wirksam senken kann.

85. Biologische Schädlingsbekämpfung.

Unter biologischer Schädlingsbekämpfung versteht man allgemein, dass bewusste „Einbringen" von Schädlingsfeinden oder Viren, um bestimmte, schädliche Populationen, wirksam zu dezimieren.

Hierbei setzt man natürliche Feinde zum Beispiel: Räuber, Schmarotzer, Krankheitserreger gegen die Schädlinge ein, zum Beispiel: Raubmilben, Raubwanzen, Kugel- und Marienkäfer, Flor- und Schwebfliegen, Blutlauszehrwespe, Blattlauszehrwespen ein.

Schädlinge, Nützlinge sind Wortschöpfungen des Menschen, die Natur kennt eine solche Einteilung nicht. Heute ist es gentechnisch möglich, Individuen so umzuprogrammieren, dass sie ihre Artgenossen angreifen.

Eine der ersten, biologischen Bekämpfungsarten, geschieht durch die Hauskatzen, die schon seit etwa 10000 Jahren Mäuse fangen, aber leider auch Singvögel in großer Zahl. Aber natürlich auch die biologische Schädlingsbekämpfung durch insektenfressende Vögel und Fledermäusen. Wer diese natürlichen Feinde der Schadinsekten im Garten hat, kann die Giftspritze zur Seite legen. Die im Boden lebenden Insektenlarven, wie beispielsweise der gefurchte Dickmaulrüssler, werden heute mit insektenpathogenen Nematoden bekämpft.

Es handelt sich hier um Fadenwürmer, die die Larven befallen, diese töten und ihnen als Nahrung dienen. Zur Bekämpfung von Engerlingen, werden spezielle Pilze eingesetzt. Sehr erfolgreich ist auch der Einsatz von Marienkäfer gegen Blattläuse. Dem Menschen ist hierbei grober Fehler unterlaufen, denn man setzte auch den asiatischen Marienkäfer zur Bekämpfung der Larven der Blattläuse ein und stellte dann mit Schrecken fest, dass er auch die einheimischen Arten angriff. Heute werden bestimmte Schlupfwestenarten gezüchtet und in großen Mengen für die Bekämpfung schädlicher Insekten, zum Beispiel den Maiszünsler eingesetzt. Man hat Schlupfwesten auch schon erfolgreich gegen den Holzwurm eingesetzt. Leider werden diese Nützlinge aus Unkenntnis auch bestimmte Pflanzeninhaltsstoffe, wie beispielsweise Senföl werden eingesetzt, um bodengebundenen

Krankheitserreger zu bekämpfen.
Nach meinem Kenntnisstand entwickelt sich die biologische Schädlingsbekämpfung, immer besser, sodass immer weniger Insektizide eingesetzt werden müssen, was letztendlich der Natur nützt. Seit etwa 45 Jahren setzte ich mich aktiv für dem Umweltschutz ein. Ich habe mehrere Bücher und etwas 80 Fachabhandlungen geschrieben. War Dozent. Langsam werde ich müde, denn eigentlich hat sich nichts wesentlich zum Guten verändert. Wir waren im Grunde genommen tatenlos und stehen nun vor gewaltigen Aufgaben, die oft nicht mehr rückgängig gemacht werden können.
Der Permafrost taut immer schneller auf. Die Temperaturen steigen mächtig an, die Verdunstungsrate nimmt zu. Es bilden sich gewaltige Regenwolken. Invasive Arten besetzten

immer neue Refugien und richten große Schäden an.

Soll ich fortfahren. Nein das möchte ich nicht, denn ich bin der Überzeugung, dass der Homo Sapiens, als die Krone der Schöpfung, der dieses Schlamassel verursacht hat, auch in der Lage sein muss, der Ruder der Arche Noah, der Welt rumreißen und auf den Kurs der Nachhaltigkeit, in eine bessere Zukunft zu steuern.

86. Reflexbluten

Vielleicht ist es ihnen auch schon so gegangen. Ein Siebenpunkt- Marienkäfer kommt angeflogen und setzt sich auf ihre Hand. Plötzlich sehen sie eine rote Flüssigkeit auf ihrer Hand und lassen den Käfer instinktiv fallen. Genau das beabsichtigt der kleine Geselle, mit seinem „Reflexbluten", einer raffinierten Verteidigungsmethode verschiedenen Käferarten, gegenüber anderen Insekten oder Fressfeinden.

Die Tiere, sondern aus speziellen Drüsen, rötliche oder gelbliche Tropfen, sog. Hämolymphe, ähnlich wie Blutplasma oder Lymphe-Flüssigkeit ab. Die Flüssigkeit ist giftig, riecht oft unangenehm und schmeckt nicht gut. Auf Fressfeinde wirkt dies unmittelbar abschreckend und unappetitlich.

Im Tierreich gibt es vielerlei solcher Wehr -und Stinkdrüsen, man denke an das Stinktier. Aber nicht nur der Marienkäfer, sondern auch bei uns verbreiteten Ölkäfer, die Weichkäferarten und andere Insekten, verwenden diese Abwehrstrategie zum Beispiel die Texanische Krötenechse. Die Kreuzotter blutet bei Gefahr aus dem Mund. Mehr Möglichkeiten haben sie auch nicht sich gegen Fressfeine zu wehren.

Das war ein Beispiel für eine „Abwehr", in der Natur.

Zuletzt noch ein Wort über unsere Stubenfliege an anderen Fliegenarten.

87. Stubenfliege

Musca domestica

Hinter dieser lateinischen Bezeichnung verbirgt sich, die Stubenfliege auch gemeine Stubenfliege. „Musca: Fliege, domestica: häuslich

Eigentlich verbirgt sie sich nicht, sondern ist auf allen Teilen der Welt zuhause. Sie ist ein Kosmopolit.

Warum ich etwas über unsere Stubenfliege schreibe, weil sie bei uns fast ausgerottet sind.

Meines Erachtens zu Unrecht, denn sie sind überaus nützlich. Wir müssen die nützlichen Eigenschaften dieser Tiere kenne. Das wird diese kurze Abhandlung zeigen.

Zur Familie der Fliegen gehören weltweit 4000 Arten. In Europa etwa 600 Arten. Es soll aber hier nur um unsere Stubenfliege gehen.

Um Verwechselungen von vornherein auszuschließen, ist unten auf dem Bild der Wadenstecher „Stomoxys calcitrans", abgebildet der den Stubenfliegen sehr gleich und oft mit ihr verwechselt wird. Sie unterscheidet sich mit ihrem Stechrüssel, der waagerecht unter den Kopf herausragt. Wadenstecher auch Wadenbeißer bzw. die Gemeine
Stechfliege, Stallfliege oder Brennfliege genannt. Der Wadenstecher ist nicht wählerisch, er saugt das von Menschen und Tieren.

Als Zwischenwirt ist sie als Überträger mehrerer Krankheiten bekannt.

Wadenstecher

Die Lebensdauer hat aber nur statistische Bedeutung, weil die Stubenfliege, bereits am ersten Tag, ihres Erscheinens in einer Wohnung erschlagen wird. Sie werden mit allen möglichen Mitteln, hinterlistigen Fallen vergiftet, erschlagen oder ertränkt.

Ja, manchmal werden sie lästig. Lasst si einfach nach draußen, denn auch sie erfüllen in der Natur wichtige Aufgaben. Man muss sie nicht töten.

Die können Fäulnis und Darmausscheidungen riechen. Das kann noch wichtig werden. Es gibt bei uns noch weitere Fliegenarten, etwa die Taufliegen auch
Obstfliegen, Fruchtfliegen, Gärfliegen, Mostfliegen und Essigfliegen genannt.

An diesen Fliegen hat die deutsche Biochemikerin Christiane Nüsslein-Volhard, interessante Forschungen durchgeführt. Sie hat zahlreiche Gene entdeckt und ihre Funktion beschrieben. Bei dieser Ansicht einfachen Art, wurden für den Menschen wichtige Erkenntnisse gewonnen Dabei wurden neue gestaltbildende Mechanismen nachgewiesen, die für die Grundlagenforschung von Bedeutung sind.

Welches Bild zeigt nun den Wadenstecher und welches die Stubenfliege.

Die Stubenfliege ist im Bild oben Oft wird die Stubenfliege totgeschlagen, obwohl es eigentlich ein Wadenstecher war. Darum ging es mir.

14. Zoonosen

In letzter Zeit wird wieder vermehrt über Zoonosen gesprochen, weil immer öfter Zoonosen-Infektionen auftreten.
Nach der WHO sind Zoonosen Infektionskrankheiten, die auf natürliche Weise zwischen Menschen und anderen Wirbeltieren übertragen werden. Bei der Übertragung vom

Menschen auf Tier spricht man von Anthropozoonose, vom Tier auf dem Menschen von Zooanthroponose.

Gegenwärtig sind etwa 200 Krankheiten bekannt, die durch Zoonosen ausgelöst werden. Die Erreger können Prionen (Eiweiße), Viren, Bakterien, Pilze, Protozonen (Urtierchen) Helminthen (parasitische Würmer) oder Arthropode (Gliederfüßer) sein. Dementsprechend gibt es auch verschiedene Zoonose Arten. die an der häufigsten gemeldeten und auftretenden Zoonose ist die Salmonellose durch Salmonellen.

Virale Zoonose und ihre Erreger.

Darunter fällt zum Beispiel Herpes B durch den Herpesvirus simiae ausgelöst. Oder die Tollwut, ausgelöst durch den Rabiesvirus (rasend), oder auch SARS durch ein bis dahin unbekanntes Coronavirus und viele weitere. Das SARS -VIRUS war bis 2002 nicht bekannt, d. h., dass es im Verborgenen Zoonosen geben kann, die noch nicht bekannt sind. Später wurde dann wurde eine Abart SARS-COV-2 als quasi neues Corona-Virus (Betacoronavirus) entdeckt.

Das soll an dieser Stelle genügen.

Bakterielle Zoonosen

Zum Beispiel Lyme-Borreliose. Es handelt sich um

eine Infektionskrankheit ausgelöst durch das Bakterium Borrelia burgdorferi durch einen Stich des gemeinen Holzbocks. Krank werden Mensch und Tier dadurch. Nicht nur durch Zecken allein, sondern auch durch Pferdebremsen kann die Infektion übertragen werden.

Für die Frühsommer- Meningoenzephalitis (FSME), ausgelöst durch Viren, ist auch der gemeine Holzbock verantwortlich. Die Übertragungssystematiken und die Diagnosen erwähne ich hier nicht. Sollte jemand gestochen werden und ein diffuses Krankheitsbild aufweisen sofort einen Arzt aufsuchen. Also Holzbock ist Überträger von zwei gefährlichen Krankheiten. Bei uns sind bisher drei Zeckenarten, als Krankheitsüberträger bekannt, die Auwald-Zecke, der gemeine Holzbock und die Hyalomma.

Es handelt sich um blutsaugende Insekten. Gerade bei uns ist Vorsicht geboten. Man denke beispielsweise an die Hyalomma, einer Verfolgungszecke, die sich als neue invasive Art, die sich bei uns immer mehr etabliert.

Eine weitere, gefährliche, entzündliche, meldepflichtige, bakterielle Infektionskrankheit ist die Camphylobacter- Enteritis. Auch die Bakterien der Gattung Bartonella können gefährliche

Krankheiten übertragen. Die verschiedenen Krankheitsformen werden unter dem Sammelbegriff Bartonellosen zusammengefasst. Die durch Pilze ausgelösten Zoonosen erwähne ich hier nur namentlich. Es handelt sich Trichophyton und Microsposie. Die durch Parasiten, Milben oder Würmer ausgelösten erspare ich mir hier.

Wir müssen aber mit Zunahmen von weiteren Zoonosen rechnen. Die Zunahme von Zoonosen und die damit bedingte Zunahme von Infektionskrankheiten steht im unmittelbaren Zusammenhang mit der Zerstörung der Lebensräume der Tiere. Es besteht ein fataler Kausalzusammenhang, zwischen der Zerstörung der Lebensräume der Tiere und der Zunahme von Infektionskrankheiten. Die Zerstörung der Artenvielfalt, der Rückgang der Biodiversität, der Klimawandel, die Erderwärmung und die zunehmende räumliche Enge, aber auch der Wildtierhandel begünstigen die Entwicklung von Zoonosen. Wir rücken uns zu sehr auf die Pelle. Das Ausmaß, der rasanten, schnellen, weltweiten COVID 19 Ausbreitung war wohl selbst für die Fachwelt sehr überraschend. Nach Aussage des Robert Koch Instituts nehmen Zoonosen zu. Bisher ist nur eine geringe Anzahl der zoonotischen Viren bekannt.

Wir müssen nicht in die Glaskugel schauen, um festzustellen, dass unter dem Klimawandel und der Erderwärmung, nicht nur die Flora und Fauna, sondern auch der Mensch im besonderen Maße leidet. Deshalb ist es wichtig, die Ökosysteme zu erhalten und den Tieren ihre Refugien zu bewahren.

Prion-induzierte Zoonosen

Wir erinnern uns, Prionen sind Eiweiße. Pathologische Prionen sind mit großer Wahrscheinlichkeit für die Creuzfeld- Jacob-Krankheit beim Menschen und für BSE (Rinderwahn) bei Rindern und für Scrapie (Traberkrankheit) bei Schafen verantwortlich. Schauen wir uns noch mal die Zecken, die dem Menschen gefährlich werden können, noch mal etwas genauer an.

Die Igel, Fuchs, Schaf, oder die Relikt-Zecken kommen in Deutschland vor. Bisher liegen keine Erkenntnisse vor, dass diese Zeckenarten, Infektionskrankheiten auf Menschen übertragen können. Das wird aber beobachtet.

Die Auwald-Zecke, die Hyalomma und der gemeine Holzbock dagegen schon.

Auwald- Zecke auch Wiesenzecke - und Winterzecke ist einen sog. Buntzecke. Sie breitet sich weiter in Deutschland aus. Sie ist für Mensch und Tier gleichermaßen gefährlich. Das Bakterium kann von Tieren auf Menschen übertragen werden. (Zoonose). Das Q-Fieber aber auch die FSME. Bei Tieren die Hundemalaria.

Kommen wir nun noch zur Hyalomma, einer neuen invasiven Art bei uns.

Bitte achten sie bei den Wanderungen oder Spaziergängen in der Natur, auf die sog. invasiven Arten, wie Hyalomma, Auwald Zecke und dem gemeinen Holzbock. Da wir leider Zeckenhochgefahrgebiet sind, und diese latente Gefahr oft einfach totgeschwiegen wird, möchte ich darauf hinweisen. Oft leiden die Menschen unter einem diffusen Krankheitsbild, was sie schon lange quält und deren Ursachen lange unbekannt sind. Hier könnten die Zecken ursächlich sein. Wir müssen dieses Problem ernst nehmen und danach handeln. Achten sie auf die Blutsauger

Wie wir gesehen haben, nehmen die Zoonosen aber auch die Gefahren, durch invasive Arten zu. Die Menschen müssen besser auf die Gefahren hingewiesen und geschützt werden.

Dass bedingt durch die den Klimawandel und der

Erderwärmung immer mehr tropische Arten, zum Beispiel die Hyalomma (Glasauge) bei uns einwandern ist auch bei uns ausreichend belegt.
(siehe **www.uni-hohenheim.de**, gemeinfrei)
Die Hyalomma ist eine tropische Verfolgungszecke, rechts. Sie ist wesentlich größer als die Zecke (Holzbock) links. Auch die Hyalomma ist Überträgerin mehrerer Krankheitserreger. u. a das Fleckfieber. Auch die Auwald-Zecke breitet sich immer mehr aus, wie wir gesehen haben.

Nun weiter.
Seit Jahrzehnten sind die Strompreise für Haushalte und Industrie in Deutschland sehr hoch. Der durchschnittliche Strompreis für die privaten Haushalte lag 2022 bei 34,6 Cent.
Der Industriestrompreis einschließlich Stromsteuer lag 2023, 40,11 Cent pro Kilowattstunde. Diese Preise sind viel zu hoch und führen bei den Haushalten und der Industrie zu hohen Kosten und zu einer dauerhaften Wettbewerbsverzerrung.
Es gibt nun Pläne den Industriestrom auf 7 Cent pro Kilowattstunde zu begrenzen, damit besonders die energieintensiven Industrieunternehmen nicht abwandern. Wenn der Preis durch günstige

Verhältnisse unterschritten werden kann, wird die Differenz in eine Umweltkasse ein-gezahlt. Werden die 7 Cent durch ungünstige Verhältnisse überschritten, muss der Staat den Preis subventionieren. Mit einem solchen Plan kann m. E, der Wirtschaft Standort Deutschland dauerhaft gesichert und attraktiv gestaltet werden.

Wir alle, hinterlassen einen CO_2-Fußabdruck von elf Tonnen pro Jahr. Durch klimabewusstes Handeln, wie oben nicht abschließend beschrieben, kann jeder versuchen seinen CO_2- Fußabdruck zu mini-mieren. Die direkten und indirekten Klimafolgeschäden, verursachen große Schadenssummen, die wir uns nicht vorstellen können und die die Bürger aufbringen müssen. Das muss alles gestemmt werden.
Jeder Mensch in Deutschland produziert pro Tag durchschnittlich 30 Kilo CO_2. Das entspricht 11,47 Tonnen CO-Äquivalente (Lachgas, Methan Ozon) im Jahr. Es handelt sich, um einen Durchschnittswert, der je nach individueller Lebensweise schwanken kann. Wir können nichts dagegen tun, solange wir leben.
Wer seinen persönlichen CO_2- Fußabdruck ermitteln möchte, kann die mit dem CO_2-Rechner

des Bundesumweltamtes tun.

Es wären hier noch viele weitere Maßnahmen anzuführen, die alle zum Ziel haben CO 2 einzusparen, bei Industrieanlagen, Schiffen, Autos, und im privaten Bereich. Die Bundesrepublik Deutschland will bis zum Jahr 2045 CO_2 frei sein. Es zeichnet sich bereits heute ab, dass dieses Ziel nicht erreicht werden kann.
Zurzeit, Stand März 2023, sind 0,8% der Landfläche in Deutschland mit Windrädern besetzt. 2030 sollen auf 2% der Landfläche Windräder stehen. Dazu müssten jeden Tag 7-8 neune Windräder gebaut werden. Das ist nicht zu schaffen. Auch bei der Abstandsregelung wird es Probleme geben.
Die hier kurz beschriebenen biotischen und abiotischen Umweltfaktoren wirken als Ökofaktor auf die Lebensbedingungen der Organismen ein. Die oben geschriebenen Prozesse gehen tiefer und sind oft intensiver als hier beschrieben.
Noch eine Anmerkung. Es wird immer wieder lautstark der Einsatz von mehr regenerativer Energie gefordert. Diese saubere Energie wäre in der Natur genug vorhanden. Müsste aber dorthin transportiert werden, wo sie benötigt wird. Kommt

aber dort nicht an, weil Menschen gegen den Bau von Stromtrassen klagen. Das ist nur ein Beispiel, wie sich der Mensch in der Entwicklung oft selbst behindert und kontraproduktiv ist.

Das war die eine Seite der Medaille, die Umweltseite und wir können nicht leugnen, dass die nachweisbare globale Erwärmung menschengemacht ist. Die Verbrennung von fossilen Brennstoffen heizt nachweislich die Erde auf. Dass gewaltige Eismassen unvermindert schmelzen und das „Ewige Eis" verschwindet, hat doch in der Zwischenzeit jedes Kind begriffen.
In Südtirol ist vor kurzem, ein riesiger Gletscherblock weggebrochen und hat mehrere Menschen unter sich begraben.
Der Permafrost der die Felsen, wie eine Zementfuge fest zusammenhielt, schmilzt nun und die Felsbrocken rauschen ins Tal mit verheerenden Folgen.
Indes steigen die Meeresspiegel weiter. Nur einige Zentimeter sind für manche Inseln schon bedrohlich.
Braucht der Mensch immer noch mehr Beweise, damit er endlich handelt. Warum tun wir nicht, was nun schnell erforderlich wäre. Um uns herum

sind zwischenzeitlich alle schneller und innovativer. Das war mal anderes.

Die oben nicht vollständig aufgeführten Probleme, müssen nun endlich nachhaltig gelöst werden, aber auch die anderen Problemfelder u. a auch die Digitalisierung, muss gemeistert werden.

Auf der anderen Seite steht die Daseinsvorsorge für alle Menschen. Gerechter Lohn und Einkommen, Gesundheitsvorsorge, Lebensqualität, Bildung, Schulen, öffentliche Infrastruktur mit Krankenhäusern und Verkehrseinrichtungen und eine freie rechtsstaatliche Ordnung mit verbrieften Grundrechten, sowie alles das, was die Wohlstandsländer schon besitzen und als Selbstverständlichkeit ansehen.

Hier wird der tiefgehende, schmerzliche Konflikt, der Graben, zwischen den Wohlstands- und den Entwicklungsländern deutlich. Die Entwicklungsländer werfen den reichen Ländern vor, den Globus über 200 Jahre intensiv ausgebeutet und da-durch erst den derzeitigen Umwelt-Zustand verursacht zu haben. Man möchte nun ebenfalls den Lebensstandard der reichen Länder erreichen, bevor man anfängt, über eventuelle Reduzierungsmaßnahmen zu sprechen.

Bei den dringenden Umweltproblemen gibt es leider keine Neutralität, sondern Wohlstandsländern und den Entwicklungsländern und umgekehrt.

Zum Schluss noch ein Wort zu den synthetischen Kraftstoffen.

„Verbrenner" sollen ab 2035 bei uns nicht mehr zugelassen werden. Die Elektromobilität ist noch nicht genug ausgebaut und E-Fahrzeuge sind immer noch sehr teuer. Der Anteil der Erneuerbaren Energie am Strom beträgt zurzeit (Stand 2020) lediglich 46,2% bei der Wärme 17,4% und im Verkehr nur 6,8 %.

Bis 2030 soll der Anteil mindestens 80% des verbrauchten Stroms in Deutschland aus erneuerbaren Energien stammen, so dass Wirtschaftsministeri-um. Ich kann nicht in die Glaskugel schauen, fürchte aber, dass auch dieses Ziel nicht erreicht werden kann.

Viel zu spät hat man deshalb mit der Forschung nach alternativen Antriebsbrennstoffen, wie Wasserstoff und synthetischen Kraftstoffen (EFuels) und Brennstoffzellen begonnen.

Können alle Autos, allein bei uns mit alternativen Energien und Kraftstoffen betrieben werden. Das wird wohl in erster Linie für die Schifffahrt, von

Interesse sein. Es muss auch die Frage beantwortet werden, wie umweltfreundlich eigentlich E-Fuels sind.

Die Menge an Strom mit der E-Fuels für 100 Kilometer Reichweite hergestellt werden, würde ein Batterieelektrisches Auto 700 Kilometer weit fahren lassen. Der Wirkungsgrad E-Fuels liegt laut Autoexperte Ferdinand Dudenhöffer somit bei etwa 15 Prozent, der von E-Autos bei rund 80 Prozent. (Auto-Bild vom 20.3.2023).

Da ab 2035 nur noch klimaneutrale Autos auf den Straßen fahren sollen und auch die neuen Heizungen mindestens, einen erneuerbarer Energieanteil von 65% aufweisen müssen, sind noch große Anstrengungen zu unternehmen. Ich sehe das speptisch.

Wenn noch die vielerorts notwendige Gebäudedämmung dazu kommt, wird es teurer. Wer soll das alles bezahlen.

E-Fuels, da besteht Konsens, haben eine schlechte Umweltbilanz. Bisher steht noch nicht eindeutig fest, dass E-Fuels, einen wirksamen Beitrag zum Klimaschutz liefern. Da E-Fuels, sich nicht von konventionellen Kraftstoffen unterscheiden, werden sie auch nicht zur Verbesserung der Luftqualität beitragen. Man darf skeptisch sein.

Eigentlich müsste man hier von Lebenszyklusanalyse sprechen, der potenziellen, zu erwartenden Umwelteinwirkungen einschließlich Energiebilanz, von Produkten während ihres gesamten Lebensweges. Alle Faktoren, alle Indikatoren, die eingesetzt werden, bis ein Produkt marktreif ist, müssen hier berücksichtigt werden.

Wenn die Ökobilanz, bei den E-Autos wesentlich verbessert wird, kann man von einem positiven Kipppunkt sprechen. Eine Studie aus Schweden aus dem Jahr 2017 wird in diesem Zusammenhang häufig zitiert. Sie scheint zu belegen, dass vor allem die Produktion der Batterien der E-Autos je 17 Tonnen CO_2 verursacht und sich deswegen erst nach acht Jahren Fahrdauer für das Klima.

Die Umweltbilanz der E-Fuels ist noch sehr schlecht und sie sind sehr teuer. Bei der Herstellung werden mehrere verlustreiche Umwandlungsstufen durchlaufen.

Es gibt weitere Gründe, warum die Menschen, noch skeptisch sind ein Elektroauto zu kaufen. Der Ausbau der Ladesäulen geht nicht richtig voran, die Zuladung ist noch sehr gering, Unfallgefahren für Fußgänger und Radfahrer, der Preis ist zu hoch. Wenn große Reichweiten erzielt werden sollen, wird zurzeit das Auto noch, durch die Batterielast schwerer, was auch nicht sinnvoll ist. Nun ja, das will ich anerkennen, jeder Anfang ist schwer und neue Herausforderungen, erfordern neue Ideen.

Übrigens wird es nicht von uns entschieden, wie lange Autos mit Verbrennermotoren bei uns noch fahren dürfen, sondern von China, weil China den Automarkt bestimmt.

China hat so hohe Produktionsquoten für Elektroautos festgelegt, dass in einigen Jahren, bevor bei uns der Verbrenner nicht mehr läuft, in China nur noch chinesische Elektroautos laufen. Wenn EU-rechtlich, ein Sonderstatus für Autos mit E- Fuels geben sollte, werden diese Autos lediglich ein Nischendasein führen. Die Mobilität in Deutschland wird darunter leiden.

E-Autos aus China, mit Sonderzöllen zu belegen, damit sie treuer werden, wie jetzt von der EU vorgeschlagen hat, ist der falsche Weg.

Der Weltklimarat hat in seiner neusten Veröffentlichung, Stand 20.3.2023 von einer Klimazeitbombe gesprochen, die die unaufhörlich tickt und hat drastische Maßnahmen gefordert, um den

CO2 Ausstoß zu verringern, sonst würde die Grenze und damit der Kipppunkt von 1,5 Grad überschritten werden. Der Klimawandel schreitet schneller voran und seine Folgen sind schwerer als vorher gedacht. Aber es wäre noch nicht zu spät, obwohl jetzt schnell und umfassend gehandelt werden müsste.

Noch haben wir es selbst in der Hand. Seit seiner Gründung hat der Weltklimarat, immer wieder eindringlich auf den Klimawandel und den damit verbundenen Folgen gewarnt. Bisher wurde er nicht konsequent gehört.

Nun müssen aber die Verantwortlichen endlich Verantwortung zeigen. Eigentlich sollte mein Buch hier enden, aber nun müssen wir noch einen kritischen Blick, auf die beabsichtigte Wärmewende der Ampelregierung werfen.

Die Pläne nach dem Gebäudeenergiegesetz und dem neuen Heizungsgesetz werden viele Hausbesitzer in die Armut treiben, denn der Sanierungsaufwand, für die zum Teil älteren Häuser, mit 100000 Euro und mehr, können von vielen nicht gestemmt werden. Sie müssen ihr Häuschen, ihren Altersruhesitz für das sie ein Leben lang gespart und gerackert haben verkaufen, denn sie können sich keine Schulden aufladen und bekämen auch keine Darlehen mehr.

Ältere Menschen sind den Anforderungen der Sozial-grünen Regierung nicht mehr gewachsen und sind bitter enttäuscht und verunsichert.
Ab 1. Januar 2024 soll jede neu eingebaute Heizung, mit mindestens 65 % erneuerbarer Energie betrieben werden. Bestehende Heizungen sollen weiterlaufen können oder repariert werden. Das neue „rotgrüne" Heizungsgesetz ist somit für viele ein „Verheißungsgesetz" und kein Verheißungsgesetz". Hier werden noch viele Ärgernisse auf die Menschen zukommen und viel Porzellan wurde unnötig zerbrochen.
Richtig heißt das Gesetz „Gebäudeenergiegesetz", es führt das Energiespargesetz, die Energiesparverordnung und das Erneuerbare-Energien-Wärmegesetz zusammen und soll die viel zitierte Energie und Wärmewende herbeiführen.

Es muss etwas geschehen und jeder Bürger ist doch bereit, schon wegen des Geldbeutels, Energie zu sparen. Auch für die Industrie ist auch schon aus Wettbewerbsgründen wichtig Energie zu sparen.
Im Gesetz sind nicht nur die Wärmepumpen als

Heizungen, sondern auch die Fernwärme, Elektroheizung, Solarthermie, Biomasse und andere Möglichkeiten. Zunächst muss aber erst die kommunale Wärmeplanung feststehen.
Allerdings ist da Gesetz sehr kompliziert und verursacht einen hohen Verwaltungsaufwand. Aber wir müssen damit leben.

Schlussbemerkung

Wenn meine Ausführungen, einige Umweltprobleme, deutlich gemacht haben und für sie nützlich waren, dann hat es sich gelohnt dieses Buch zu schreiben.
Das Bestreben und ernsthafte Bemühen, zu einer wirksamen Treibhausgassenkung und Temperatursenkung, ist ständig im Fluss und bringt immer wieder Neuerungen. Informieren sie sich, wie die Entwicklung in Deutschland, ohne fossile Energie weitergeht und ob wir im Wirtschaftsrating nicht weiter abrutschen. Diese Gefahr zeichnet sich jetzt schon ab, weil viele Firmen die hohen Energiepreise nicht

mehrstemmen könne und ins Ausland abwandern. Das ist eine sehr bedenkliche Entwicklung.

Zur Abrundung am Ende meiner Ausführungen, noch einige Fachbegriffe.

14. Glossar

Abwasser
Durch häuslichen, gewerblichen, industriellen, landwirtschaftlichen oder anderen Gebrauch, in seinen natürlichen Eigenschaften verändertes Wasser.

Abwasserüberprüfung
Seit Corona werden die Abwässer großflächig auf

Krankheitserreger untersucht.

Abwasserreinigung
Alle erforderlichen Techniken zur Verringerung von Inhaltsstoffen, durch biologische, chemische und technische Verfahren.

Absorption:
Schwächung einer Strahlung in ihrer Intensität beim Auftreffen und Durchdringen einer Materie.

Aerosole.
In der Luft feint verteilte, fest und flüssige Partikel und Schwebstoffe. Davon haben wir während der Corona-Pandemie viel gehört.

Ästuars
Flussmündungsgebiete.

Anthropozän
Ein neues, vom Menschen geschaffenes und geprägtes Zeitalter.

Evolutionäre Anpassung: (Adaption)

Eigenart oder Besonderheiten eines Lebewesens, die im Zusammenhang mit einer bestimmten Lebensweise oder einem bestimmten Nutzen eines Lebensraums stehen. Denke zum Beispiel an die Anordnung der Federn bei den Vögeln. Andere Arten haben sich der Hitze, der Kälte, den Umweltbedingungen, dem Nahrungsmangel, der Dunkelheit und ihres Umfelds perfekt angepasst. Hierbei geht den Anpassungs- und Fortpflanzungserfolg. Selbstregulierung. Für mich ein Wunder der Natur. Selbstregulierung planend.

Art oder auch Spezies
Eine Art sind all jene Lebewesen, die sich untereinander fortpflanzen können, die selbst wieder artbeständig sind. Eine Pferdestute und ein Eselhengst sind zwei verschiedene Arten und es entsteht eine neue Art, ein Maultier und aus einer Eselstute und einem Pferdehengst entsteht, ein Maulesel.

Art, invasive.
Als invasive Arten werden gebietsfremde Arten bezeichnet, die unerwünschte Auswirkungen, auf anderen Arten haben.

Artenvielfalt:

Das Vorkommen vieler unterschiedlicher Tier-Pflanzenarten in einem Ökosystem.

Algenblüte
Algenblüte auch Wasserblüte oder Algenpest genannt bezeichnet man die plötzliche spontane und massenhafte von Algen und Cyanobakterium (Blaualgen).

Aflatoxine:
Sind Schimmelpilze. Kommen in bestimmten Lebensmitteln vor und können zu gesundheitlichen Problemen führen.

Allergie
Ist eine Immunreaktion des Körpers auf nichtinfektiöse Fremdstoffe (Antigene bzw. Allergene).

Arten, invasive.
37 Tier und Pflanzenarten gelten in der EU seit 2016 als unerwünscht, d. h., diese Tiere und Pflanzen sind hier artenfremd.

Artenverlust, Artensterben, Aussterben.
Allgemein muss festgestellt werden, dass wir uns

im größten Artensterben seit dem Ende der Dinosaurierzeit befinden.

Organismen, die Sauerstoff benötigen (aerob), und die keinen benötigen (anaerob).

Ausgleichsflächen, Ersatzflächen
Es handelt sich um einen ökologischen Ausgleichraum. 5% der landwirtschaftlichen Nutzfläche muss als ökologische Ausgleichsfläche ausgewiesen werden.

Besiedlung
Ortsbezogenen Niederlassen von Lebewesen. In der Mikrobiologie die Anhaftung und Vermehrung von Mikroorganismen bezeichnet.

Bioindikatoren:
Lebewesen oder eine Lebensgemeinschaft, welches auf Umwelt-Einflüsse (zum Beispiel Schadstoffe) mit Veränderungen seiner Lebensfunktionen reagiert oder Stoffe einlagert oder in einen Organismus einbaut.

Biodiversität.
Biologische Artenvielfalt.

Biokatalysatoren:
Ist ein Teilchen, der wie ein Katalysator wirkt. Meistens handelt es sich dabei um Enzyme.

Biom
Großlebensräume wie Steppen, Regenwälder, Korallenriffe, werden als Biome bezeichnet.

Biotop:
Charakteristischer Lebensraum oder Standort für Tiere und Pflanzen zum Beispiel: Feuchtbiotop.

Biosphäre:
Gesamtheit aller ökologischen, von Lebewesen bewohnten Systeme.

Bodenfauna:
Tierische Bewohner des Bodens.

Edaphon:
Gesamtheit aus Bodenfaun und Boden Flora

Boden Flora:
Pflanzlichen Bewohner des Bodens
Chronobiologie
Es handelt sich um einen Wissenschaftszweig, der

Biologie, die zeitlicher Organisation von physiologischen Prozessen und wiederholten Verhaltensmuster bei Organismen.

Carnivore
Fleischfressende Organismen (Sekundärkonsumenten)

Dekarbonisierung
Steht für eine kohlenstofffreie Wirtschaft und Gesellschaft.

Dendrochronologie:
Lehre vom aller der Bäume eine Datierungsmethode:
Griech. dendro = Baum; chronos = Zeit.

Destruenten:
Meist mikroskopisch kleine Lebewesen, die organische Stoffe oder Reste von toten Pflanzen und Tieren abbauen, bis diese wieder in organische Grundstoffe zerlegt sind. Die bedeutendste Gruppe sind dabei die Pilze und Bakterien.

Denitrifikation:
Die im Boden durch bakterielle Prozesse

ablaufende Zersetzung von Nitraten und die daraus resultierende Freisetzung von stickstoffhaltigen Gasen.

Erderwärmung
Der Anstieg der Durchschnittstemperatur der erdnahen Atmosphäre und der Meere. Es geht hier um den menschengemachten Klimawandel.

Elektrosmog
Umgangssprachlicher Ausdruck für die täglichen Belastungen des Menschen durch elektrisch, magnetische elektromagnetischer Felder.

Eutrophierung.
Überdüngung/Überernährung von Wasserpflanzen durch ein Überangebot von Nährstoffen. Auf die Eutrophierung soll in einer gesonderten Abhandlung eingegangen werden.

Erneuerbare (regenerative) Energien sind: Sonne, Wind, Wasserkraft, Bio-Masse, Gezeiten, Erdwärme.

Umweltstandards
Weil man mit dem besichtigten Ziel, im Jahr 400000 Wohnungen zu bauen nicht fertig wird,

rückt man jetzt, um das Bauen schneller zu machen von bestimmten Umweltstandards, zum Beispiel dem Effizienzhaus, EH40 vorerst ab und setzt die Vorschrift aus.
EH-Haus bedeutet einen Primärenergieverbrauch von 40%. Das ist nun erstmal nicht mehr nötig.

Erosion
Erosion hat vielfache Bedeutung. Hier ist die natürliche Abtragung (Verlust) von Gestein und Boden, durch Wasser, Gletscher, Wind.

Euryök
Beschreibt die Eigenschaft aller anpassungsfähigen Lebewesen die nicht von bestimmten Umweltfaktoren abhängen.

Gefährdete Arten.
Die weltweit gefährdete und vom Aussterben bedrohten Arten, Tiere und Pflanzen sind in einer „Roten" Liste aufgeführt. Die Liste wird leider immer länger. Viele Arten verschwinden, ohne dass wir es merken.

Globale Erderwärmung
Seit 1850 ist eine globale Oberflächentemperatur

bis 2020 auf plus 1,5 Grad angestiegen. Das 2,0 Grad Ziel ist kaum noch zu erreichen.

Gleichgewicht, Ökologisches:
Allgemein gilt: Ein Ökosystem befindet sich im ökologischen Gleichgewicht, wenn sich sein Zustand ohne die von außen einwirkenden Störungen nicht verändert. Heute jedoch ist die Wissenschaft auch der Meinung, dass es viele Ungleichgewichte gibt.

Gülle/Jauche.
Tierische Exkremente

Feuchtgebiet
Feuchtgebiet oder Feuchtbiotop. Dauerhaft feuchtes Gebiet.

Klärschlämme
Schlamm aus Kläranlagen wie oben näher beschrieben.

Belebtschlamm/Blähschlamm
Aus ein oder mehrzelligen Kleistlebewesen, belebter Schlamm in Kläranlagen. Die Kleinstlebewesen bauen im Schmutzwasser, vorhandene organische Substanzen unter

Verwendung von Sauerstoff ab.

Klimafolgeschäden
Der Klimawandel hat in Deutschland jährlich, durchschnittlich eine Schadenssumme von 6, 6 Milliarden Euro verursacht.

Konsumenten (ökologisch)
Sind die Verbraucher in einem Ökosystem. Zumeist größere Tiere die Nahrungsketten bilden.

Kontamination
Verseuchung oder Verschmutzung durch gesundheitsschädliche Schadstoffe, Krankheitserreger oder radioaktiver Strahlung.

Kohlenstoffsenken
Wälder, Moore, Grasland und allgemein, jede grüne Pflanze.

Insekten
Kerbtiere. Artenreichste Klasse der Tiere.

Habitate (lat. bewohnen)

Für eine bestimmte <u>Art</u> typischen

Aufenthaltsbereich innerhalb eines <u>Biotops</u>. Wo diese Art einen ideellen Lebensraum findet. Alle EU- Staaten sind verpflichtet, bestimmte Habitat Räume einzurichten.

Honigbienen

Honigbienen sind die drittnützlichen Tiere, hinter dem Rind und dem Schwein. Eine Sommerbiene lebt nur etwa 35 Tage und kann in dieser Zeit etwa 2,5-3 g Honig, zwei Teelöffel voll. Bis ein Glas voll ist, muss weiter hart gearbeitet werden. Äußerlich können wir nicht zwischen Sommer- und Winterbienen unterscheiden. Die Unterscheide, gibt es nur im Lebensrhythmus.
Die Sommerbienen haben die Aufgabe, möglichst viel Nektar und Pollen zu sammeln. Die im Winter haben die Aufgabe, das Volk übe den Winter zu bringen.

Herbivore
Pflanzenfressende Organismen
(Primärkonsumenten)

Immission:
Einwirkungen von Emissionen auf Menschen,

Pflanzen, Tiere.

Nahrungsketten:
Eine Heuschrecke frisst Gras, mit wird von einer Feldmaus gefressen, die Feldmaus wird von einer Schlange gefressen und diese Schlange schließlich von einem Raubvogel.

Naturschutz:
Naturschutz ist ein umfassender Begriff und umfasst alle Maßnahmen, die der Herstellung und Erhaltung der Natur dienen. Dabei geht es um Erhaltung der Vielfalt, Schönheit und Eigenart der Natur, der Wildnis und der Landschaft allgemein den Erhalt der Leistungsfähigkeit des Naturhaushalts die Erhaltung der biologischen Vielfalt sowie eine nachhaltige Nutzung der Natur und seiner Bodenschätze durch den Menschen.

Nitrate. Bodenkontaminierungen
Nitrate werden zunehmend zu einer Belastung der Böden und des Trinkwassers.

Massentierhaltung intensive Haltung

Die Ernährungs- und Landwirtschaftsorganisation

der Vereinten Nationen (FAO) definiert intensive Tierhaltung „als Systeme, in denen weniger als 10 % der Futtertrockenmasse dem eigenen Betrieb entstammt und in denen die Besatzdichte 10 Großvieheinheiten des Viehbesatzes pro Hektar betrieblicher landwirtschaftlicher Nutzfläche (Gesamtheit aller Ackerflächen übersteigt.

Methanhydraten (brennendes Gas) Bestehen aus Methan, das im erstarrten Wasser eingelagert ist und durch die Erwärmung der Meere freigesetzt werden kann.

Mimese und Mimikry:
Mimese; ist in der Biologie der Tarnung eines Lebewesens durch Anpassungsfarbe, Gestalt, Umfeld, Farbe, Lebensraum. Stabschrecken beispielsweise, haben sich ihrer Umgebung so gut angepasst, dass man sie für einen Ast hält.

Mimikry
Hier wird eine Ähnlichkeit nachgeahmt, um als eine andere Art, zu erscheinen. Diese Tarnung soll beispielsweise Fressfeinde dieses Tieres, in die Irreführen. Zum Beispiel tarnt sich Schwebfliege als Wespe und will dadurch Gefahr signalisieren.

Ökologie.
Lehre vom Haushalt der Natur im Rahmen biologischer Wechselbeziehungen zwischen Organismen und ihrer natürlichen Umwelt.

Ökosystem:
Lebensgemeinschaft und Zusammenwirken von Lebewesen verschiedener Art in ihrer unbelebten Umwelt, die als Lebensraum oder Biotop bezeichnet wird, wobei sich das Ökosystem aus unbelebten (Felsen, Steine) und belebten (Lebewesen aller Art) Komponenten zusammensetzt.

Ozon (griechisch: riechen).
O_3 Bodennahes oder Atmosphärisches.
Bodennahes Ozon wird als Reizgas wahrgenommen. Kann bei Menschen und Tiere je nach Konzentration zu Atembeschwerden und zu Reizungen der Atemwege. Bei hohen Konzentrationen ist es ratsam, starke Anstrengungen, zu vermeiden. Atmosphärisches Ozon, das die höchste Konzentration in der Stratosphäre aufweist, führt dort zu einer teilweisen Absorbierung der ultravioletten

Strahlung.

Parasit:
Ein Parasit ist ein Organismus, der sich von anderen Lebewesen (Wirt) ernährt oder diesen zu Fortpflanzungszwecken befällt, ohne selbst eine Gegenleistung, zu erbringen. Eine Stechmücke oder ein Floh saugt das Blut von einem Menschen (Wirt), um sich davon zu ernähren.

Pflanzendetritus. (Detritus: Bodenkunde)
Zerfallene noch nicht humifizierte organische Substanz in der Bodenkunde.

Population.
Eine Gruppe von Individuen derselben Art. Gesamtheit einer Gruppe aller Angehörigen einer Art in einem bestimmten Gebiet, die miteinander verbunden und eine Fortpflanzungsgemeinschaft bilden.

Phytoplankton
Das Pflanzenplankton bindet Kohlendioxid und dient den Walen und andere Meerestieren als Nahrung.

PH-Wert

Abkürzung für Potential des Wasserstoffs ist ein Maß für den sauren oder basischen Charakter einer wässrigen Lösung.

Ultraviolett
Diese Strahlung legt jenseits des violetten Endes des Regenbogens, daher „ultraviolett".

Reaktivität
Allgemein: die Fähigkeit eines Stoffes, eine chemische Reaktion einzugehen.

Recycling (engl.):
Rückführung von Abfallprodukten, Stoffen und Gegenständen in Wiederverwertungskreis. Zum Beispiel Bierflaschen.
Reduzent auch als Destruent:
Organismus der organischen Substanzen abbaut und in anorganische Bestandteile zerlegt.

Rote Liste der bedrohten Arten:
Zurzeit etwa 26000 Arten.

Saprobien.
Bestimmte, in verunreinigten Gewässern lebende Organismen wie Protozoen (Urtierchen), Bakterien und Pilze. Die Saprobien bauen den

organischen Gehalt des Wassers allmählich ab (Mineralisierung) und bewirken so eine biologische Selbstreinigung der Gewässer. (Wasserpolizei).

Saprobien System:
Bewertungssystem der Gewässergüte, auf der Grundlage des nach dem Verschmutzungsgrad im Gewässer anwesenden Saprobien.

Saurer Regen:
Mit schwefelhaltigen Stoffen, kontaminierter(verschmutzter) Regen. Führt zur Übersäuerung von Böden und Gewässern.

Sommersmog:
Siehe oben bodennahes Ozon. Das Wort Smog, kommt aus dem englischen und ist eine Wortkombination aus: Smoke =Rauch und: Fog= Nebel.

Stratosphäre (Decke)
Zweite Schicht in der Erdatmosphäre.
ppm: Maßangabe für millionsten Anteil.

Stoffwechsel

Der in allen Lebewesen abgelaufene Umsatz von organischen und anorganischen Stoffen zur Erhaltung der natürlichen Lebensvorgänge.

Troposphäre

Unteres Stockwerk« der Atmosphäre. Bis 11 km vom Erdboden hoch. Vom griechischen Wort »tropein«, d. h. sich wenden, sich verändern. In der Troposphäre spielt sich das Hauptwettergeschehen ab.

Symbiose (gr.):
Zeitweilige oder dauerhafte Lebensgemeinschaft zwischen verschiedenen Tierarten oder Pflanzen, wobei die „Symbionten", zum Beispiel ein Nashorn und ein Madenhacker, Vorteile und Nutzen voneinander haben.
Der Madenhacker befreit das Nashorn von Parasiten, die ihm als Nahrung dienen. Das Nashorn wird von den Plagegeistern befreit und so vor Krankheiten geschützt. Beide, Nashorn und Madenhacker ziehen aus dieser Lebensgemeinschaft, Vorteile.

Umwelt

Ist der für ein bestimmtes Tier oder Lebewesen bedeutsamer Teil der Außenwelt, mit dem es in Beziehung oder in einer Wechselbeziehung steht. Eigentlich bezieht sich der Begriff auf die ganze Erde.

Umweltschutz:
Allgemein ausgedrückt kann sagen, dass der allumfassende Begriff Umweltschutz, dafür sorgen soll, dem Menschen eine lebenswerte, intakte, leistungsfähige und gesunde Umwelt, zu erhalten oder wiederherzustellen.

Umwelthormone
Die unsichtbare Gefahr. Sie stecken in Kosmetika, Möbel und Lebensmittel. Sind keine Hormone an sich wirken aber so.

Wasserbedarf

Der Trinkwasserbedarf steigt weltweit auch bei uns. Der Wasserverbrauch pro Kopf in Deutschland betrug 121 Liter *Trinkwasser. Das ist ein leichter Rückgang gegenüber den Vorjahren. Allerdings werden nur 3 % zum*

Kochen und Trinken verwendet. Der Großteil, von 32 % verschlingt die Toilettenspülung, 30 % Baden und Duschen. Zu beachten ist auch, dass Wasserverwendung auch immer Abwasser bedeutet.

Wasserdargebot
Ist die Wassermenge in einem bestimmten Gebiet, in einer bestimmten Zeit, in Form von Oberflächen – und Grundwasser.

Weltraumtourismus

Der beginnende und sich rasch entwickelnde Weltraumtourismus, scheint in den Umweltbilanzen, noch keine Rolle zu spielen, obwohl allein die Herstellung der Raketen, sehr viel Ressourcen verbrauchen und der ökologische Rucksack sehr groß ist.

Hier müssen wir in den nächsten Jahren, verstärkt unser Augenmerk drauf richten.

Auch die Abwärme des Weltraumschrotts und der Weltraumsatelitten, wird sich in einigen Jahrzehnten, bei uns als Erderwärmung bemerkbar machen.

15. Sonstiges

Flüssigerdgas LNG (liquefied natur Gas: verflüssigtes Gas) Ist die Bezeichnung für verflüssigtes verbreitetes Erdgas, das auf minus 161-164 Grad Celsius runtergekühlt werden muss. LNG weist nur etwa ein Sechshundertstel des Volumens von gasförmigem Erdgas auf.
Dies bedeutet für den Transport und der Lagerung Vorteile. Allerdings ist der Abkühlungsvorgang ökologisch umstritten. Im Gas befinden sich zum Teil unerwünschte Bestandteile, von dem das Gas getrennt werden muss.
Bei diesem Prozess befürchten Umweltschutzverbände, Schäden für die

Ökosysteme, insbesondere für das Wattenmeer, da große Mengen Chlor ins Meer gespült werden.
LNG ist keineswegs umweltfreundlich, wie es gerne dargestellt wird.
Auch die „neue" Deutschlandgeschwindigkeit wurde kritisiert, weil beim Bau der Terminals keine Umweltverträglichkeitsprüfung durchgeführt wurde.
Das Chlor soll als Biozid, den Seepockenbewuchs an den Rohrleitungen verhindern. Ich möchte durchaus erwähnen, dass man uns vom russischen Gas unabhängig machen wollte und die Zeit drängte, aber dafür alle Umweltstandards außeracht zu lassen, hätte man von den „Grünen" doch nicht erwartet.
Deshalb ist es dennoch unbedingt erforderlich, die Umweltstandards einzuhalten und nachzurüsten. Seepocken sind festsitzenden (sessilen, können nicht ihren Aufenthaltsort wechseln)) Rankenflusskrebse. Es handelt sich also um Tiere, die man mit dem Chlor bekämpfen will.

Umwelteinflüsse
Umwelteinflüsse, können vielartig sein. Mache belasten den Menschen mehr als Tier oder Natur oder umgekehrt. Beim Menschen ist es wichtig, dass sein eigenes Lebensumfeld, möglichst frei von

negativen Umwelteinflüssen ist. Wobei auch die Umwelteinflüsse je nach Wohnort, recht unterschiedlich ausfallen können.

In der Stadt ist die Staubbelastung höher als auf dem Land. Auf dem Land können dagegen unangenehme Gerüche aufkommen. Aber auch Lärm und Luftreinheit, ist unterschiedlich zu bewerten. Wir können die Umwelteinflüsse auch in biologische, chemische und physikalische unterscheiden. Bei den biologischen etwa die Ambrosia, bei den chemischen Luftschadstoffe und bei den physikalischen die UV-Strahlung.
Alle diese Einflüsse haben Auswirkungen auf die Menschen und der Natur.

Umweltindikatoren
Alles, was oben erwähnt wurde, sind Umweltfaktoren, die mehr oder weniger den Menschen und die Natur, mehr oder weniger beeinflussen. Menschen, die in der in der Wüste leben, haben anderes, existenzielles Verhältnis zum Wasser als wir. Energieeinsparung, wird für die Menschen in der Wüste kaum ein Thema sein als bei uns.
Es handelt sich hierbei, um methodische

Konstrukte, die auf Indikatoren (geeignete Hilfsmittel) zurückgreifen, um einen Sachverhalt zu beschreiben. Beispielsweise die Staubbelastung, die Wasserqualität oder die Gewässergüte.

Umweltschutzziele
Sind Ziele, die der Vermeidung, Beseitigung, Reduzierung, Verwertung und Überwachung von Umweltbelastungen dienen. Man spricht auch von Umweltmanagement. Die gesteckten Ziele können nur im Rahmen einer konzertierten Aktion zwischen Staat Politik und Bevölkerung und Industrie gelöst werden.

Umweltrelevanz
Wichtigkeit eines Faktors und seiner Auswirkung aus der Sicht der Umweltqualität zum Beispiel beim Konsumverhalten, aber auch umweltrelevante Umweltgesetze.
Was ist für die Bevölkerung wichtig, bezogen auf Standort, anlagenbezogenen und betreiberbezogenen Kriterien.

Umweltfaktoren
Elemente der Umwelt, die mit anderen Elementen, zum Beispiel Lebewesen eine Wechselbeziehung eingehen. Umweltfaktoren sind also jegliche

Einflüsse auslebender und nicht lebender Umwelt, die auf Lebewesen wie Tiere, Pflanzen etc. wirken.

*Sie werden in **biotische** und **abiotische** Faktoren eingeteilt. Dabei bezeichnet biotisch Vorgänge und Zustände, manchmal auch Gegenstände, an denen Lebewesen beteiligt sind. Im Gegensatz zu abiotisch, an dem keine Lebewesen beteiligt sind.*

Umweltpolitik

Umweltpolitik ist Friedenspolitik. Weil beispielsweise der Klimawandel, globale nicht kontrollierbare Migrationsströme auslöst. Deshalb muss die Umweltpolitik, die Lebensbedingungen für alle Menschen auf der Welt verbessern und erhalten.

Was ist zu tun.
Ich glaube, dass in diesem Buch doch viele Aspekte angesprochen sind, die man einfach tun kann.
Alles, was nicht in unserer Macht steht, können wir nicht ändern, festkleben gehört nicht dazu.
„Eltern haften für ihre Kinder.

16. Schlussbemerkung

Hiermit möchte ich die kleine Begriffssammlung abschließen und das Buch schließen. Viele weitere Begriffe und Informationen, wären noch erforderlich, um die Umwelt mit ihren Problemen zu verstehen.

Das Internet bietet vielfältige Möglichkeiten, sich über ein bestimmtes Thema umfassend, zu informieren. Dieses Buch sollte als Einstiegslektüre in einige Umweltthemen angesehen werden, was zu einer Vertiefung der relevanten Umweltthemen beitragen soll. Wer allerdings auf dem Laufenden sein will, kann sich bei verschiedenen Quellen ausführlich informieren.

Es ist noch viel zu tun, damit Unser blauer Planet auch für nachfolgende Generationen, lebenswert bleibt. Packen wir es an. Ich hoffe, dass ihnen dabei das Buch eine kleine Hilfe war.
Wir können es schaffen. Wir können es gemeinsam schaffen.
Diesen Eindruck gewinne ich, wenn ich als „Feuerwehrlehrer", wie die Kinder sagen, eingesprungen bin, wenn Unterrichtsstunden auszufallen drohten. Und ich den Kindern etwas über Ökologie und Umweltschutz erzählt habe. Dann spürte ich die Begeisterung, den Willen unbedingt schnell etwas ändern zu wollen.
Ich spürte, auf die Kinder ist Verlass. Auch bei den Kindern in den Kindergärten, die ich besuche, verfügen die Kinder bereits über ein solides Umweltwissen. Das macht mir Hoffnung.

Die Kinder, die nächsten Generation werden das wieder in Ordnung bringen, was wir verschlampt haben. Davon bin ich fest überzeugt.

Quellen- und Bildnachweise.
Die benutzten Quellen, Bilder oder Grafiken, sind jeweils am Ort angegeben und sind gemeinfrei.
Der Autor wünscht viel Vergnügen.

Joachim Schroetter

www.ingramcontent.com/pod-product-compliance
Lightning Source LLC
Chambersburg PA
CBHW031608210526
45464CB00004B/1474